仕事の
教科書

思いのままに
仕上げる最新テクニック

Lightroom
Classic
仕事の教

JN026549

高嶋一成　著

エムディエヌコーポレーション

はじめに

　さまざまなデバイスやソフトウェアの進歩によって、撮影から出力までの流れがスピーディかつスムーズに行えるようになりました。モニターのカラーなども個別に違いはあるものの、細かなピクセルで構成されるようになったことで、同じ画像の見え方の差が少なくなりました。

　ただ、撮影された商品の画像と現物を見比べたときに、色が違って見えるからといって再調整してしまうと、印刷物になった段階でまた違った色になってしまう場合があります。自身のモニターのみで画像を見るのであればよいのですが、メディアなどに公開されるような画像は、色や明るさなどにシビアさを求められます。そのためには、撮影時のホワイトバランス、モニターのカラー、画像の解像度などを理解しておく必要があります。また、印刷物になる場合は構成色の違いやカラースペースの違いによって、モニターの見た目とは異なるものという前提ての調整をしていかなければなりません。これらのことを理解しておくことで、よりよい結果を得られるとともに、結果がよくなかった場合の改善点を見出すことができます。こういった条件を整えた上で、プロフェッショナルレベルの作業を行うことができるのがLightroom Classicです。

　Lightroom Classicでは、カタログを作成してサムネイルによる画像調整を行うことで、画像の調整や一括編集などをストレスなく行え、ライブラリによって一括管理が叶うようになっています。また、2022年のアップデートによって機能の追加や改善が行われ、最近ではAIを使用した機能が充実してきたことで、作業時間がかなり短縮できるようになりました。

　本書では、従来の基本的な機能とともに、2022年10月のアップデートで進化したマスク機能や修復機能についても紹介しています。この本が、あなたの作業のレベルアップにつながることができれば誠に幸いです。

高嶋一成

Contents

Chapter 5

Part2 実践編

Chapter 6

Chapter 7

ケーススタディ［応用レベル］

― 本書の使い方 ―

● 全体の構成 ●

この本は、Lightroom Classicを本格的に使えるようになりたいという方のための解説書です。中級／上級ユーザーを目指せるよう、本書は次のような構成になっています。Chapter 6とChapter 7で扱っているサンプルデータはダウンロードできますので、データを参考にしながら学習を進めることができます。

Part 1　基礎知識編

Chapter 1	Lightroomでお仕事をする前に
Chapter 2	Lightroom Classicの基礎知識
Chapter 3	ライブラリモジュールでのデータ管理
Chapter 4	現像モジュールを使いこなす
Chapter 5	他のモジュール

画像に関する基礎知識や、Lightroom Classicのメインとなるライブラリモジュールと現像モジュールを中心に、実際に必要となる機能と操作方法を詳しく解説しています。2022年アップデートの新機能で有用な情報も扱っています。

Part 2　実践編

| Chapter 6 | ケーススタディ[基本レベル] |
| Chapter 7 | ケーススタディ[応用レベル] |

Lightroom Classicで行いたいRAW現像・補正の事例を、ステップバイステップで解説。RAWデータなど、掲載の画像はサンプルデータとしてダウンロードできます。

MacとWindowsの違いについて

本書の内容はmacOSとWindowsの両OSに対応しています。
本文の表記はMacでの操作を前提にしていますが、Windowsでも問題なく操作できます。Windowsをご使用の場合は、以下の表に従ってキーを読み替えて操作してください。

Mac			Windows
	⌘キー	⟷ Ctrlキー	
	optionキー	⟷ Altキー	
	returnキー	⟷ Enterキー	
	shiftキー	⟷ Shiftキー	

※本文ではoption〔Alt〕のように、Windowsのキーは〔 〕内に表示しています。

サンプルデータについて

本書の解説に用いているサンプルデータは、下記のURLからダウンロードしていただけます。

https://books.mdn.co.jp/down/3222303038/
―――――― 数字

ダウンロードできないときは

● ご利用のブラウザーの環境によりうまくアクセスできないことがあります。その場合は再読み込みしてみたり、別のブラウザーでアクセスしてみてください。
● 本書のサンプルデータは検索では見つかりません。アドレスバーに上記のURLを正しく入力してアクセスしてください。

注意事項

● 解凍したフォルダー内には「お読みください.html」が同梱されていますので、ご使用の前に必ずお読みください。
● 弊社Webサイトからダウンロードできるサンプルデータは、本書の解説内容をご理解いただくために、ご自身で試される場合にのみ使用できる参照用データです。その他の用途での使用や配布などは一切できませんので、あらかじめご了承ください。
● 弊社Webサイトからダウンロードできるデータを実行した結果については、著者および株式会社エムディエヌコーポレーションは一切の責任を負いかねます。お客様の責任においてご利用ください。

Part1
基礎知識編

Lightroomで
お仕事をする前に

　この本をお読みいただいている方は、RAW現像や画像補正に関するある程度の知識はお持ちだと思いますが、Lightroom Classicをプロレベルで使いこなすためには、基礎知識はやはりきちんと押さえておきたいものです。まずこのChapter 1では、Lightroom Classicを触る前に知っておきたいことを紹介します。もちろん、これらを十分ご存知の方は読み飛ばしていただいて結構です。

Chapter1

画像ファイルの基礎知識

美しく仕上げた写真は、印刷・プリントなど紙媒体に出力するケースと、PCやスマホなどのデジタルデバイスで表示させるケースの、大きく分けて2つのゴールがあります。二者には大きな違いがありますし、またそれぞれの中でも様々な仕様があります。

カラーモードの違い

Web用、印刷用はそもそもなにが違うのかということに触れていきます。

言ってしまえば、すべてが異なるということになるのですが、モニターはベースが黒のためRGB（光の3原色）の加色法、印刷はベースが前提として白となるためCMY（色の3原色）に黒を出すためのK（キープレート）の減色法で構成されます 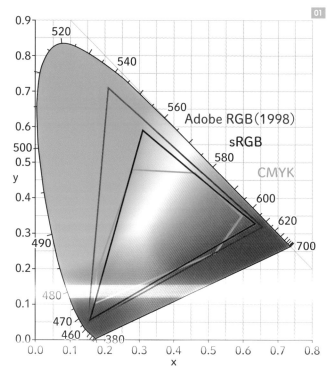 。よって、白に近い淡い色を出すためには、RGB（モニター）の数値は最大値に近く 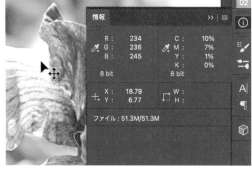、CMYK（印刷）の数値は最小値に近くなります 。

また、RGBとCMYは相対色となるため、表現できるカラースペースが異なります。モニターは標準でsRGB、ハイエンドでAdobe RGB（1998）準拠となり、sRGBとCMYKを比較しても、RGBの原色に近い部分は再現されません。モニターで見た印象より印刷物のほうがくすんだ印象になるのはこのためで、その色を再現しようとすると、特色印刷などを行うことになります 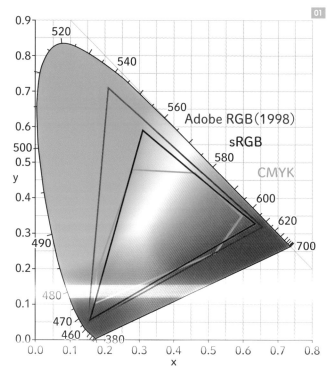、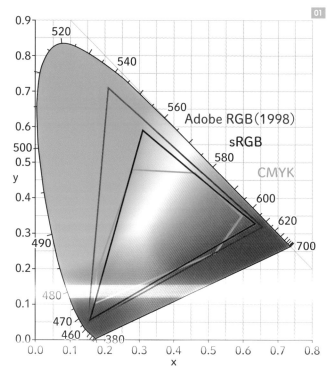 。

カラースペースの違い

白に近い部分はRGBでは8bitで255に近い値、CMYKでは0%に近い値となる（Photoshopの情報画面）

CMYK情報に［！］が付いている部分は飽和状態となる（Photoshopの情報画面）

RGB（左）とCMYK（右）

Photoshopの［色の校正］でCMYKなどへの色の変化が確認できる

サイズ、解像度の違い

　また、表示法もモニターは1pixelに対してかけ合わせたカラーを表示させるのに対して、印刷は通常各色4版の網点によってカラーを表示させます。この内容の違いによって、必要画像解像度が異なります。モニターの場合はハイビジョン（HD：長辺1,280pixel）やフルハイビジョン（FHD：長辺1,920pixel）で、75ppi（ピクセル/インチ）、4Kで長辺3,840pixelで150ppiが目安となります。印刷の場合175lpi（ライン/インチ）という設定で、縦横のラインの交点にドットを打っていきますが、4色を同一ポイントに打ってしまうと色が出なくなってしまうため、交点周辺にずらしながら4色のポイントを打ちます。このずらし幅分で、350ppiとなります。

　解像度が異なることによって、モニターでは使用サイズを超えていても、印刷用としてはかなり小さくなってしまう場合があります。ここで、重要になるのは画像のピクセル数で、例えば最近のスマートフォンで撮影された画像は撮影時で長辺4,000pixel程度あり、そもそもの画質や補完されていることなどは別として、そのまま使用すれば、印刷でA4サイズに対応できます。この画像をメールなどで送る場合にサイズ変更を行うと、当然、ピクセル数を下げることになり、画像サイズが小さくなります 06 〜 13 。

解像度350ppiと75ppiの大きさの違い

ライブラリモジュール（P.16参照）のメタデータパネルの［寸法］で縦横のピクセル数が確認できる

"情報オーバーレイを表示"で画像内にデータ情報を表示できる

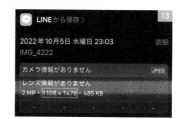

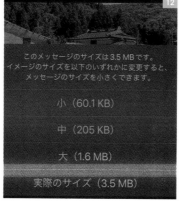

iPhone撮影時のデータ情報

iPhoneからメール送信時に表示されるダイアログ

LINEにアップした画像のデータ情報

Column ▶ 印刷方法による違い

　印刷の方法にも様々あり、例えば、インクジェットと版を使用する印刷とでは仕上がりも異なります。印刷屋さんで印刷したものより、家庭用のインクジェットでプリントしたほうが綺麗だといった話はよくあります。ハイエンドのインクジェットプリンターではインクのカラーもCMYK以外にも複数使用できることで、特色印刷を行うことができます。1枚の写真を綺麗に出したいのであれば、インクジェットプリンターやプロラボで出力したほうがよいでしょう。ただ、これを100枚、1,000枚、それ以上といった枚数を印刷した場合、かかる費用が格段に変わってきます。家庭用インクジェットプリンター本体はそれほど高くない印象ですが、インクの金額は消耗品としてはかなり高価ですし、写真用紙といった単価の高い紙を使用したプリントと、印刷物を比べるのは論外といえます。

02

モニターキャリブレーション

Lightroom ClassicはPCで作業するソフトウェアですが、そのPCのモニターの発色が正しくなければ、最終的な発色をコントロールすることはかなり困難です。プロレベルの仕上がりを期待するには、モニターのキャリブレーションはしっかりと行っておきましょう。

モニターの発色はできる限り正しくしておく

画像調整を行う場合、モニターで見た画像がすべてとなるので、モニターが正しい発色をしていないと正しい調整が行えないことになります。ハイエンドのモニターのカラーは出荷時にある程度の調整はされていますが、極力、キャリブレーターを使用して調整を行いましょう。また、一度キャリブレーションを取っていても、使用時間の経過によってバランスは崩れてくるため、約200使用時間ごとを目安に取っておきましょう 01 。

モニターキャリブレーション用の機器

キャリブレーションを取るにあたり、ホワイトポイントの設定などがあります。この設定値によってホワイトバランスや明るさの基準値が変更されるため、調整に対しての見た目も変わってきます。ホワイトポイントとは、基準の白を何ケルビンにするかという設定です。印刷物においては5,000K（ケルビン）を白とし

ていて、デイライトフィルムはおよそ5,500Kです 02 、 03 。Appleのデバイスは初期値で6,500Kとなり、数値が上がるほどブルー系になっていきます 04 。その他のPCに関しては各々の設定値となっていますが、通常のモニターの場合、初期値が9,300Kとなっているものもあります 05 。

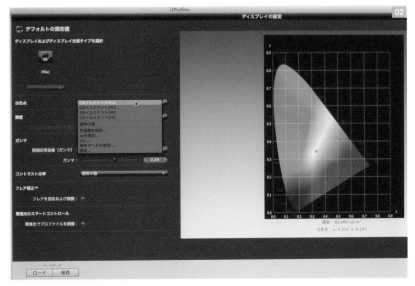

白色点のD50は5,000K、ガンマ値は現在ではMac、Windowsとも2.20

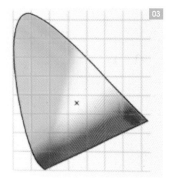
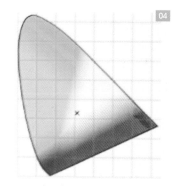
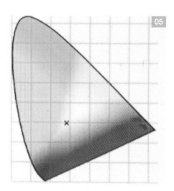

5,000K（D50）の白色点とカラー　　6,500K（D65）の白色点とカラー　　9,300K（D93）の白色点とカラー

　Web用に設定したい場合、様々なデバイスで見られることを前提とすると、Appleデバイスの6,500Kに合わせておくとよいと思われます。印刷対応は5,000Kですが、変更後にはモニターがかなりアンバー系（茶系）に見えることと、そのモニターカラーで調整すると、人肌などを多少ブルー側に調整してしまう可能性があるため、フィルムの設定の5,500Kから6,000Kあたりで設定するとよいでしょう。

　正しい色で調整しましょうとしておきながら、かなり曖昧な表現になっていますが、モニターが個別に異なるように、印刷においても、使用する紙質やインクなどによっても見た目は異なります。色校正をして色を合わせていくものですが、当然、入稿した画像の色がかなり異なっていれば仕上がりも思い通りにはなりません。

　モニターキャリブレーションは、実際の色に極力近づけることと、複数のモニターを介して納品に至るまでの間に再調整されるなどして、結果がおかしいのではとなった場合に対しての保険的な意味合いでも取っておくべきものといえます。

Column ▶ Photoshopのカラーピッカー

る色彩計測器などを使用する場合がありますが、清刷りなどにある指定カラーを見ることでもその色を特定することができます。ライティングされた撮影をすることで、素材や反射率などによってその通りの色にならない場合があるの示して、近づけていきます。撮影時のホワイトバランスやモニターカラーが多少違っていたとしても、数値が合っていれば色は合っているということになります。

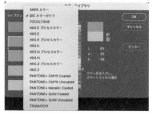

カラーピッカーの［カラーライブラリ］でライブラリを表示させ、指定カラーチャートを表示する

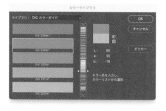

指定色を選択する

［ピッカー］でカラーピッカーに戻すと、HSB、RGB、Lab、CMYKの数値を確認できる

Lightroom Classicの
基礎知識

次に、ソフトウェアとしてのLightroom Classicの基本を見ていきます。各部の詳細はChapter 3以降で述べていきますが、実は各モジュールそれぞれの機能が連動しているところがあり、使いこなすうちに迷ってしまうこともあります。まずはインターフェースの大まかなところをつかんでおいてください。

01

Lightroom Classicのインターフェース

かつてはPC用のパッケージソフトウェアとして発売されていた
Lightroomですが、技術の進歩や最近のニーズに合わせて進化
を遂げてきました。ここでは、現在のLightroom Classicの位置付
けとインターフェースを簡単に紹介します。

LightroomとLightroom Classic

Lightroomファミリーには、いわゆる「Lightroom」と
「Lightroom Classic」とが存在します。前者の
「Lightroom」はクラウドベースで運用されるものであ
り、PCだけでなくタブレット、スマートフォンでも操作
できます。各デバイスでインターフェースは異なりま
すが、クラウドに保存されている写真データをいろん
なデバイスで操作・管理するしくみになっています。

本書で解説する後者の「Lightroom Classic」は、
かつてパッケージで販売されていたLightroomのい
わば進化形で、P.13で述べたような正しい環境で作
業することで、最も高度な現像・補正作業を行うこと
ができます。
これらは、アドビ社からさまざまなサブスクリプショ
ンプランで提供されています。

Lightroom Classicでの作業の流れ

Lightroom Classicのインターフェースは複数
のモジュールに分かれており、それぞれのモ
ジュールは右ページの図の「モジュールピッカー」
で切り替えます。主に使用するのはライブラリモ
ジュールと現像モジュールで、基本的には図のよ
うな流れで作業を行います。

撮影 `01`

↓

ライブラリモジュール
　読み込みからソースを選択して画像を表示
　読み込み画像のセレクト
　読み込み
　画像をセレクト　フラグ、レーティング

↓

現像モジュール
　レンズ補正パネル「プロファイル」に
　チェックを付ける
　ヒストグラムを確認しながら基本補正や
　トーンカーブで調整
　変形調整やカラー調整

↓

ライブラリモジュール
　書き出し

Lightroom Classicでの基本ワークフロー

Column ▶ クラウドアイコン

モジュールピッカーの一番右にある
「クラウド」アイコンは、アドビのクラウ
ドストレージへのアップデートなどを行
うものです。ここで「同期」を行うと、モ
バイルデバイスの「Lightroom」で編集
作業などを行えるようになります。
Lightroom Classicからの同期はカ
タログを同期させることになるのです
が、モバイルデバイスではカタログに対
して作業を行えるので、記録メディアな
どを圧迫しません。ただしLightroomの
みを使用する場合は、元データをクラウ
ドストレージにアップするため、ストレー
ジ容量を増やす必要性が出てきます。

Part 1

Lightroom Classicのインターフェース

　主に使用する2つのモジュールの、それぞれの画面構成は次の通りです。各部の必要な詳細は Chapter 3、Chapter 4で解説します。

● ライブラリモジュールのインターフェース ●

ソース画像操作用のパネル（左パネル）　　ライブラリフィルターバー　　画像表示領域　　モジュールピッカー

フィルムストリップ　　ツールバー　　メタデータやキーワードの操作および画像の調整用のパネル（右パネル）

● 現像モジュールのインターフェース ●

左パネル　　　　　モジュールピッカー　　　　　ヒストグラムパネル

ツールストリップ

フィルムストリップ　　　　ツールバー　　　調整パネル（右パネル）

Chapter 2

02

Lightroomファミリーと Photoshop

Lightroomはアドビ社から様々なプランで提供されていますが、アドビの定番ソフト・Photoshopと共に提供されているプランもあるので、両方を使える環境にある方も多いと思います。ここでは、Photoshopとの関係性について少し見ていきます。

Photoshopの Camera Raw フィルター

そもそもLightroomファミリーは、Photoshop内のフィルターとして組み込まれているRawデータを現像するための「Camera Raw」から派生して開発されたものです。したがって、Lightroom、Lightroom Classic、Camera Rawの現像パラメーターの構成はほぼ同様ですが、個別に開発やアップデートが行われるため、名称や配置などが異なります。ただ、パラメーターの範囲は同様なので、本書で、Lightroom Classicの現像モジュールを理解できれば、Phtoshopの「Camera Rawフィルター」を使用できるようになります 01 〜 04 。

Lightroom Classicの画面

Lightroomの画面

Camera Rawの画面

Photoshopの画面

Lightroom（Camera Rawフィルター）はRAWデータ現像用ですが、JPEGなどのデータ処理も行えます。RGBデータの数値が決定されているJPEGやTIFFなどのデータと、決定されていないRAWデータでは調整レンジの幅は異なりますが、Photoshopから展開するCamera Rawフィルターでは、レイヤーの調整も行えます。

　JPEGなどの画像データを調整できるようになったことで、Camera RawはフィルターとしてPhotoshop内に配置されたのですが、このことで、トーンカーブなど同じ機能がPhotoshop内に存在するようになりました **05**、**06**。ここまでで、Photoshopがあれば Lightroomは必要ないのではないかという疑問が出てきます。メディアから画像を読み込み、アドビの画像管理ソフトウェア「Bridge」を使用してRAWデータを読み込めば、自動的にCamera Rawで展開できます **07**。筆者も、Lightroom導入以前はそのような方法で処理を行なっていましたが、読み込みから書き出しまで一貫して作業できるなどの利便性から Lightroom(Classic)を使用しています。

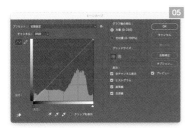
Photoshopの「トーンカーブ」

Lightroom Classicの「トーンカーブ」

Bridgeの画面

Photoshopとの併用

　Photoshopは、レイヤーや選択範囲、フィルターなどを使用して部分的な調整や別の画像を重ね合わせることができます。このような調整はLightroomでは行えませんが、画像データを「カタログ」として読み込むことで、サムネイルを使用して調整作業を行い、出力時に元画像に適用させるため、データ容量にかかわらず軽いデータで調整が行え、調整結果を維持させることができます。基本補正をLightroomで行い、レイヤーを使用するような調整をPhotoshopで行うことで、スムーズに作業ができます。

マスクによる調整

元画像

マスクされた部分のみ調整される

Photoshopによる同様の調整

レイヤーにすることで、拡大した配置などが行える

Camera Rawフィルターではレイヤーの調整も行える

スマートオブジェクトにしておくことで、スマートフィルターで再調整などが行える

Chapter 2

最近のアップデートにより、Photoshop、Lightroomとも選択範囲作成機能が格段に進歩し、撮影条件によっては細かな修正は必要ですが、髪の毛や葉の間などに選択範囲やマスクを作成することで作業の手間はかなり省けるようになりました 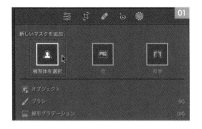、02。

Photoshopの「空を置き換え」では空を別画像に差し替えて、エッジの調整などができます。さらにマスク部分を別レイヤーで配置できるので、マスクの追加や削除も行えます 03 ～ 07。Lightroomではレイヤーを作成できないので、空を置き換えることはできませんが、ブラシでの調整はエッジ検出などができ、マスクに対してのパラメーター調整が容易に行えます。各々、一長一短があるので、どちらのほうが優れているかというよりは目的に合わせて選択しましょう。

元画像（左）と選択された範囲（右）

元画像

選択された空の範囲

調整された空の状態。葉の間などはブラシによる再調整が必要

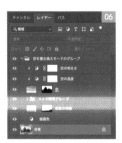

別の空を配置できることが利点

調整やマスクをレイヤーとして配置できるので、再調整しやすい

Column ▶ Photoshopとのファイルのやりとり

LightroomからPhotoshopに画像を転送して調整を行って「仮想コピー」としてフィルムストリップに戻すことができます。このコピーは8bitのTIFFデータとなるので、LightroomからTIFFで書き出しても同様の結果を得られます。

では、このメリットはというとLightroomの特徴である、調整結果を維持し続けられる点と、仮想コピーとなるのでファイル数を増やさずに調整出来る点が挙げられます。

Photoshopで編集して保存

Lightroomへ仮想コピーとして配置される

編集された画像はTIFFとなる

LightroomからPhotoshopへ

ライブラリモジュールでの画像管理

　ではLightroom Classicでよく使うモジュールの1つ、ライブラリモジュールについて解説していきます。Chapter 4で解説する現像モジュールとうまく併用することで、とてもスムーズな管理が行えます。

　最近ではPCのOSの標準機能でもある程度の画像管理が行えますし、また世間には多くの便利な管理アプリが用意されていますが、"管理"のみという意味においても、Lightroom Classicのライブラリモジュールはやはり強力です。

Chapter 3

画像の読み込みと書き出し

カメラで撮影した写真、別のストレージにある画像など、
Lightroom Classicで処理を行う画像は、いったんすべてライブラ
リモジュールの［読み込み］で読み込むことになります。正しい「読
み込み」、そして「書き出し」方法を見ていきましょう。

画像の読み込み

Lightroomは読み込み時にサムネイルを作成してカタログファイルに保存し、調整をサムネイルに対して行い、書き出し時に元画像に適用させます。カタログは、指定された場所に保存され、メニューバーにあるファイルメニュー→"新規カタログ..."で仕事や趣味など個別に作成させることができ、ファイルメニュー→"カタログを開く..."で別カタログを開くことができます。ただし、カタログ間のリンクはできません。

Lightroom Classicを展開して、左下の［読み込み...］をクリックすると 01 、 02 、読み込みダイアログが表示されるので、パネル左の［ソース］を展開して画像のあるメディアなどを指定します 03 。パネル中央に「写真が見つかりません。サブフォルダーを含める」となる場合は、［サブフォルダーを含める］をクリックして画像を表示させます。

パネル中央上に追加方法があり、メディアから読み込む場合は［コピー］を選択します 05 。［DNG形式でコピー］はメーカーで異なるRAWデータ方式を独自のDNG方式で統一させるものですが、DNGへの変更は取り込み後でも可能です。［移動］はメディアから指定フォルダーに画像を移動させるため、元のメディアの画像はなくなってしまいます。指定フォルダーには移動されますが、何らかのトラブルで移動されていないと画像を失ってしまう場合もあります。［追加］は移動させずにカタログに追加するもので、デスクトップなどで通常使用するHDDなどにコピーされている画像を読み込む場合に使用します。

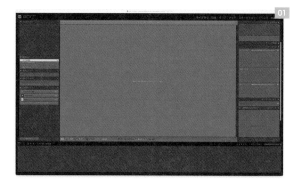

Lightroom Classicの画面

［読み込み...］をクリック

ソースとなるフォルダーを選択

この画面が出た場合は［サブフォルダーを含める］をクリック

［コピー］を選択

パネル右でカタログへの書き出し設定を行います。「ファイル管理」パネルの[プレビューを生成]は、サムネイルサイズの設定で、最大が[1:1]となりますが、[最小]で読み込んでもルーペ表示や拡大表示にした段階で最大サイズに変更されるので、読み込みの段階では時間のかからない[最小]としておくとよいでしょう。[スマートプレビューを生成]はカタログへの読み込みサイズを小さくでき、元画像のデバイスが外れていても調整を行え、デバイスを再接続すると調整を適用できるようにするためのもので、外部デバイスを使用するモバイルPCなどで使用すると便利です。[重複を読み込まない]はメタデータを元に、同一画像を検出し、一度読み込まれた画像を読み込まないように制限するもので、同一メディアに追加で撮影された画像のみを読み込むようにできるので、チェックを入れておきましょう 06 。[別のコピーの作成先]は指定フォルダー以外にもコピーを行うもので、[コレクションに追加]は通常のフォルダー以外にカタログのクイックコレクションに追加するものです。[重複を読

み込まない]以外は読み込み後に再設定できます。

ファイル名の変更パネルではファイル名の変更が行えます。プルダウンからテンプレートにある構成を使用するか、[編集]でカスタム名などを変更します 07 、08 。

読み込み時に適用パネルでは[現像設定]と[メタデータ]の編集が行えます。[現像設定]は現像モジュールの「プリセット」を読み込み段階で設定してしまうもので、読み込みファイルすべてに適用されるので、現像段階でほぼ使用する[レンズ]などを設定します 09 。[メタデータ]はカメラに付加する情報以外の著作権情報などのメタデータを設定するものです 10 。

保存先パネルで保存フォルダーを指定して 11 、パネル右下の[読み込み]で画像を読み込ませます。[整理]の[日付別]は指定されたフォルダー内に日付別フォルダーを作成し、[1つのフォルダーにまとめる]は指定されたフォルダーにすべてをコピーします。

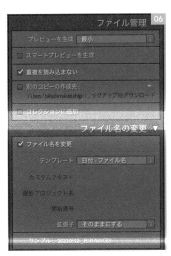

[プレビューを生成]を[最小]として、[重複を読み込まない]にチェックを入れる

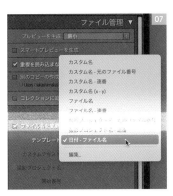

ファイル名の変更パネルはテンプレートのプルダウンから設定を変更できる

プルダウンメニューから[編集]を選択すると、カスタマイズできる

読み込み時に適用パネルにある[現像設定]のプルダウンから[レンズ＋ CA補正]などを選択

[メタデータ]は[新規]で編集ダイアログを表示させ、著作権情報などを入れる

保存先のフォルダーを指定

画像のセレクトは読み込み後に行って、不要な画像は除去することができますが、読み込みの段階でセレクトすることもできます 12 、13 。画像の表示段階ではすべてが選択されているので、チェックを外すことで選択から外すことができます。また、[すべてを解除]として読み込みたい画像のみを選択することもできますが、ルーペ表示で拡大できる限界があるため、確実に不要と思われる画像のみのチェックを外すようにしてください 14 ～ 17 。

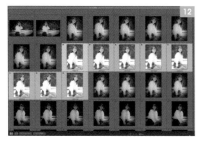

セレクトはshiftで連続した画像の複数選択が可能

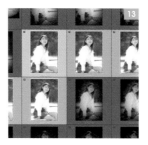

複数選択された画像は、1枚にチェックを入れることですべてにチェックが入る

ルーペ表示で拡大して確認が行えるが、読み込みサムネイル表示のため100%以上の拡大率では画像が曖昧になる

読み込み設定が完了したら、パネル右下の[読み込み]で読み込まれる

保存場所や方法は選択できる

一度除外した画像は、再度[読み込み]を行うことで、読み込ませることができる

画像のセレクト

　読み込みが完了すると、左パネルにある「フォルダー」に取り込み先に指定されたフォルダーが表示され、ライブラリモジュールにサムネイル表示されます。サムネイルパネル下にセレクト用ツールが表示され、ツールバー右のプルダウンですべてにチェックを入れてツールバーに表示させます 01 ～ 03 。

カタログは指定されたフォルダーに保存される

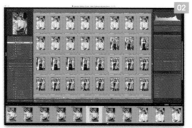

読み込み後のライブラリモジュール

ツールバー右のプルダウンのすべてにチェックを入れる

Part 1

グリッド表示やルーペ表示でピントなどを確認し、■（採用フラグを立てる）と■（除外に指定する）で振り分けます 04 〜 08 。

グリッド表示パネル上に配置される［ライブラリフィルター］の右にあるプルダウンから"フラグ付き"を選択し、［属性］のフラグを［フラグでフィルター（フラグなしと除外フラグ付きの写真）］のみになるようにします 09 、10 。メニューバーの編集メニュー→"すべてを選択"で全選択してdelete〔Delete〕やback〔Backspace〕キーを押します。削除方法が選択でき

るので、カタログからのみ削除したい場合は［Lightroomから削除］、元画像をフォルダーからゴミ箱に移動させたい場合は［ディスクから削除］を選択します 11 。［Lightroomから削除］とした場合はフォルダーには残っているので再読み込みが可能ですが、不要なファイルを残しておくとディスクを圧迫する原因となってしまいます。全体の処理が終わるまでゴミ箱を空にしなければ、データはゴミ箱内には残しておけるので［ディスクから削除］としておいたほうがよいでしょう。

サムネールスライダーでグリッド表示の大きさを変更できる

ピントなどはナビゲーターパネルで拡大表示する

ナビゲーターの拡大で「ルーペ表示」になる

フラグやレーティングはフィルムストリップでも設定することができる

不要なデータには［除外に指定する］を付ける

ライブラリフィルターの右にあるプルダウンから"フラグ付き"を選択する

属性のフラグを非表示にして除外フラグを表示にする

除外フラグのみを表示させて全選択してからdeleteキーを押すとダイアログが表示されるので、削除方法を選択する

　［属性］のフラグを表示して、ツールバーの■（比較表示）で選択画像と候補画像を見比べるなどして、レーティングを付けていきます 12 、13 。［比較表示］はいずれかのパネルを選択してフィルムストリップから画像を選択し、ツールバーでズームや入れ替えなどが行え、パネルの下でフラグやレーティングを付け

られます 14 、15 。レーティングはグリッド表示のツールバーやフィルムストリップでも付けることができます。レーティングやカラーラベルは［属性］でセレクト編集することができ、レーティング、カラーラベルのみやレーティングとカラーラベルの複合など様々な設定での表示を行えます 16 、17 。

基礎知識編 ● ライブラリモジュールでの画像管理 ●

Chapter 3

ツールバーの[比較表示]を選択

候補と選択を入れ替えながらレーティングなど
を付けていく

パネルでレーティングやカラーラベルを付
けられ、ズーム表示で比較することもできる

設定したレーティングなどはツール
バーに適用される

ライブラリーフィルターの[属性]でレーティング付きのみの表
示などを行える

設定されたレーティングのレッド
ラベルのみの表示

画像の書き出し

　画像調整が終了したら、書き出しを行います。Lightroomの調整はパラメーターが保存されますが、通常の画像として使用できるJPEGなどに書き出すと調整パラメーターは失われます。JPEGなどからでも再調整は行えますが、書き出し後もレンジ幅の広いRAWデータは保存しておきましょう。

　ライブラリモジュールで画像を選択して、左下の[書き出し...]をクリックします 01 。画像の選択は、メニューバーの編集メニュー→"すべてを選択"、または

command〔Ctrl〕+Aで全選択や、shiftで連続した複数枚を選択できます。

　「書き出し」ダイアログが表示されるので、[書き出し先：ハードディスク]として、「書き出し場所」で書き出し先を設定し、「ファイルの名前」でファイル名の変更を行います 03 〜 05 。ファイル名は読み込み時にも設定でき、書き出しで大幅に変更させてしまうと元RAWデータとリンクさせにくくなります。

[書き出し...]で書き出し設定を行う

[編集]で「ファイル名テンプレートエディター」を
表示してカスタム設定ができる

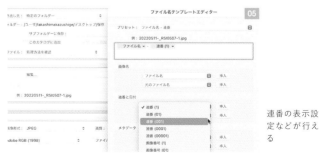

「書き出し場所」で書き出しフォルダーなどを設定する

連番の表示設
定などが行え
る

「ファイル設定」で画像形式などの設定を行います 06 、 07 。指定があるなどの特別な場合以外は、画像形式はJPEGの［画質：100］、［カラースペース：Adobe RGB(1998)］とします。PSD、TIFF、PNGは16bitカラーが使用でき非圧縮で保存を行えます。1pixelあたりRGB各色256色の8bitに対して16bitは65,536色あり、色数ではその3乗となるため、かなりの差があります。また、JPEGは非可逆圧縮となるもので、これらを踏まえると、16bitの非圧縮が最良といえますが、画像サイズが大きくなり（JPEGで10Mに対してTIFF非圧縮16bitが120M）、かなりの拡大率で見ないとその違いがわかりません。

「画像のサイズ調整」で書き出しサイズの設定を行います 08 。サイズは使用するサイズより多少大きめ位が理想ですが、極端にファイルサイズが大きくなら

なければ、元画像のサイズのままでも構いません。印刷対応の場合は［解像度：350pixel/inchi］、Webの場合は［解像度：75pixel/inchi］とします。サイズを変更する場合の目安は、長辺約20cmで印刷用2,800pixel、Web用600pixelです。

「シャープ出力」はスクリーンや光沢紙、マット紙などの出力に対してのシャープ効果で、プリントした結果のシャープさが甘い場合は設定します。「メタデータ」はメタデータに含める内容の編集を行います。「透かし」は画像内に著作者名などを埋め込むもので、［透かしを編集］で「透かしエディター」を表示させて配置や大きさを設定できます。著作権の保護を目的としたもので、使用状況によっては不要なものとなり、トリミングなどで除外することができますが、メタデータには著作権情報は残されます 09 ～ 12 。

![変更後の名前設定画面 06]

![ファイル設定 TIFF 07]
TIFFの設定画面

![ファイル設定 JPEG選択画面]
「ファイル設定」のDNGやRAWデータの元画像は、RAWデータ現像ソフト用だ

![画像のサイズ調整 08]
「画像のサイズ調整」で書き出しサイズの設定を行う

![透かしプリセット選択画面 09]
透かしは［透かしを編集］でエディターを表示できる

画面キャプチャーにはメタデータは含まれないので、キャプチャーでは使用しにくいようにすることもできる

![書き出しダイアログ 11]
設定された「書き出し」ダイアログ

書き出しは現像モジュールの右クリックのメニューからでも行える

カタログの注意点

　カタログは元データとリンクしたサムネイルを利用して、管理や現像などをスムーズに行えるもので、複数作成したカタログには同一フォルダーやセレクトされたファイルを読み込ませることもできます ～03。

　ただし、いずれかのカタログで行った処理は別のカタログには適用されません。また、ディスクから削除としたファイルなどはアラートが表示され現像などの処理が行えなくなります 04。[スマートプレビューを生成]で読み込んでおくと処理などは行えますが、元のデータが残っていなければ書き出しなどは行えなくなってしまいます 05。また、デスクトップ上で移動させたフォルダーなどはカタログでは不可視状態となります。

　同一ファイルを別カタログで調整したい場合は、読み込み時に[コピー]としておけばよいのですが、デスクトップフォルダーには同一ファイルが複数枚存在することになってしまいます。

　以前はカタログ内の画像枚数が多いとアプリの展開に時間がかかってしまうなどの不具合があったため、カタログを分けて使用したほうがそのストレスはなくなるとされていましたが、カタログをすべて書き換えるような大型アップデート以降はかなり改善されました 06。マシンスペックなどにもよるとは思いますが、フォルダー管理などのことを考えるとメインとなるカタログは1つにしておいたほうがよいと思われます。

メニューバーのファイルメニューから新規カタログの作成や既存カタログを開くことができる

カタログを変更すると設定は変更される

カタログで[ディスクから削除]としたファイルはカタログにサムネイルが残っているため、アラートが表示される

アラートをクリックすると「検索」ダイアログが表示される

[スマートプレビューを生成]で読み込まれた画像は、現像などは行えるが、元の画像が存在しなければ書き出しなどは行えなくなる

カタログ内の画像が474,053枚でカタログの容量は6.33GBとなるが、現状ではあまり不具合を感じない

02

画像を整理する機能

ライブラリモジュールでは、カタログに読み込まれた画像のセレクトや、フォルダー・ファイルの移動など様々な画像管理が行えます。画像の振り分けや、メタデータ、キーワードを設定しておくことで、画像の検索などがスムーズに行えます。

既存画像の読み込み

ライブラリモジュールでは、既存の画像を読み込んで画像の整理なども行えます。既存のフォルダーは「読み込み」ダイアログから読み込ませたいフォルダーやHDDデバイスなどを選択して[追加]としてカ

タログに追加します。読み込みが完了するとフォルダーパネルに追加され、現像などの編集作業が行えるようになります 01 ～ 05 。

読み込まれたフォルダーパネルにはフォルダー情報などが追加される

既存フォルダーは読み込みでソースを選択する

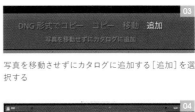

写真を移動させずにカタログに追加する[追加]を選択する

右下の[読み込み]で読み込ませる

ライブラリモジュールの[フォルダー]に追加される

画像の移動

読み込まれたフォルダーや画像は、ドラッグ&ドロップで移動させることができ、デスクトップ上のデバイスにも適用されます 01 ～ 06 。

フォルダーを右クリック、もしくはcontrol〔Ctrl〕＋クリックでメニューを表示させ、[親フォルダーを表示]で上の階層のフォルダーを表示できる

移動させるフォルダーを選択する

ドラッグ＆ドロップで別フォルダーに移動させる

［移動］をクリックする

デスクトップのフォルダーも移動する

一部のファイルはグリッド内から選択して、ドラッグ＆ドロップで直接フォルダーに移動させる

表示パネルの変更

　グリッド表示は初期状態ではコンパクト表示となっていて、メニューバーの表示メニュー→"グリッド表示スタイル"の"エクストラを表示"にチェックを入れることで、画像情報やフラグ付けなどが行えるようになります。表示スタイルは表示メニュー→"表示オプション"の「ライブラリ表示オプション」ダイアログで編集することができます。

メニューバーの表示メニュー→"表示オプション"で表示内容を編集できる

「エクストラ表示」のグリッドパネル

「ルーペ表示」のオプションではデータなどを表示できる

キーワードのタグ付け

取り込んだ画像やフォルダーが増えると、特定の画像を探し出すのが困難になってきます。キーワードタグを付けておくことで、同一キーワードの画像を画像表示領域に表示させることができます。キーワードはデフォルトで用意されているもののほかに、キーワードパネルで直接入力することもでき、コンマで区切って複数のキーワードタグを付けることもできます。

キーワードを付けるには、画像を選択してキーワードセットや候補キーワードから選択するか、キーワー

ドタグに直接入力で配置できます。また、ツールバーの🖌（スプレー）を使用して同一キーワードを複数枚に設定できます 01 〜 05 。

割り当てられたキーワードはキーワードリストパネルで枚数などが表示され、リストの右に出る◀をクリックすることで画像表示領域に表示されます。また、ライブラリフィルターの［メタデータ］でキーワードやカメラ、レンズの種類などで振り分けることもできます 06 〜 08 。

入力したキーワードはキーワードリストパネルに配置される

スプレーでグリッドのサムネイルをクリックして、キーワードを配置でき、🏷（キーワードアイコン）が付く

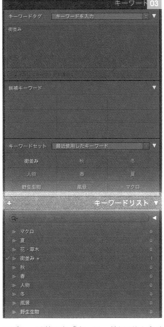

スプレー以外でも、「キーワード」のサムネイル指定後に、キーワードセットから選択してキーワード付けができる

キーワードタグに直接入力ができ、複数選択することもできる

キーワードリストに枚数が表示され、枚数右の➕で同一キーワードの画像を表示できる

複数のフォルダーから同一キーワードの画像をまとめて表示できる

ライブラリーフィルターの［メタデータ］からキーワードのほか、カメラの種類やフラグなどでまとめることもできる

［メタデータ］は列の編集が行え、メタデータ内の様々な項目を表示できる

Chapter 3

メタデータパネル

メタデータパネルには挿入されているメタデータ情報が表示され、[カスタマイズ]で「メタデータのデフォルトパネルをカスタマイズ」ダイアログを表示でき、編集を行えます 01 〜 03 。

メタデータパネルでは直接入力などで編集が行える

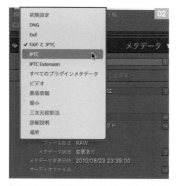

[メタデータ]左にあるメタデータセットで、表示方法を選択できる。プリセットで保存されているプリセットを指定する

メタデータセット[初期設定]の[カスタマイズ]で表示の編集が行える

ツールバーの並べ替え

ツールバーの[並べ替え]でレーティングや採用フラグの付いたものの並べ替えが行えます。フラグ付きなどは[ライブラリーフィルター]で表示が可能ですが、並べ替えすべてのファイルをまとめるので、採用フラグを付けたもの以外が不要な場合の削除作業などに便利です 01 、 02 。

ツールバーの（人物）は指定されたフォルダー内の人物と思われるものを検索するもので、1枚と5人写っていれば、5人分を検出します。また、同一人物だと思われる画像はグリッドにまとめられ、パネル下に直接入力で名前などを付けられます 03 、 04 。

ツールバーの[並べ替え]のプルダウンでグリッドパネル内の並べ替えを行える

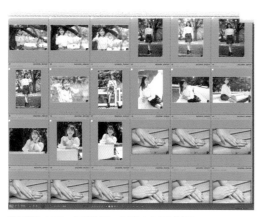

[採用]とするとフラグ付きとフラグなしを振り分ける

[人物]アイコン

指定フォルダー内の人物画像を検出する

03
画像の書き出しで注意しておきたいこと

せっかくきれいに仕上げた写真も、書き出し方法が間違っていると台無しになってしまうことも。書き出しの基本はP.26で紹介しましたが、ここではその際の主な注意点を述べていきます。わかりにくい場合はP.10も振り返ってみましょう。

カラースペースを意識する

　カラースペースはデバイスで表現できる色の範囲をいい、色を見るためのデバイスとは基本的にはモニターもしくはプリント（印刷）ということになります。モニターのカラースペースはハイエンドでAdobe RGB（1998）準拠、通常のモニターでsRGBとなり、通常の印刷はCMYKとなり、カラースペースの範囲外は最大値のカラーで表現されます。よって、もしほとんどが範囲外の画像だった場合はトーンがなくなり、ベタ塗りの状態になります。Adobeの推奨はProPhoto RGBとなっていて、かなり広範囲の色が範囲内となってい

ますが、現状のデバイスではその範囲を表現できるものがないので汎用性が高くPhotoshopなどの「カラー設定」で印刷対応標準とされる［プリプレス用-日本2］の［Adobe RGB（1998）］としておけば問題ないと思います。

　将来的により広い範囲のデバイスに合わせる必要ができたら、出力時に設定してください。ただこれは、見ることのできない範囲を設定しても仕方がないのではという筆者の考えなので、［ProPhoto RGB］で問題があるわけではありません  01 〜 06 。

カラースペースは出力時に「ファイル設定」で行う

Photoshopのカラー設定

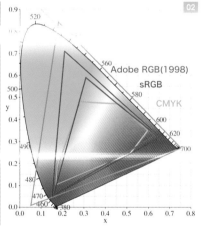

カラースペースの比較

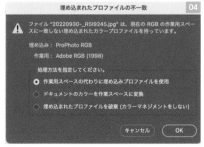

プロファイルが不一致の場合、アラートダイアログが表示される

Adobe Creative Cloud内のカラー設定を一致させるには、Bridgeの編集メニュー→"カラー設定..."から行う

画像ファイル形式は何がよい？

画像用のファイル形式は複数ありますが、基本的には不可逆（非可逆）圧縮形式のJPEGと非圧縮のTIFFを使用することが多く、Lightroomの書き出しでも、RAWデータのDNGと元画像を除くと、通常の画像フォーマットはPSDとPNGを含めた4種類となっています。PSDはTIFF同様、非圧縮の形式で、Phtoshopでレイヤーを作成したときに、レイヤーを含めた保存ができるものです。PNGは可逆圧縮形式で、ファイル容量を減らすことができ、TIFFでも可逆圧縮を選択することで、PNG同様に容量を減らせます 01 ～ 03 。

可逆圧縮とは同じトーンのカラーを、ひとまとめにすることでファイルサイズを小さく抑えるもので、展開後には元に戻ります。同じ画像であってもカラーとモノクロで異なるように、画像の状況によって圧縮率は変わってきます。不可逆圧縮のJPEG（iPhone画像のHEIFも不可逆圧縮）は同じではなく近いトーンのカラーをまとめるため、展開後にサイズは変更されませんが、同じカラーの画像には戻りません。となると、JPEGはダメなものという印象になりますが、「ファイル設定」で［画質：100］としておくことで、かなりの拡大率で見ないと、非圧縮のTIFFとの違いはわかりませんし、画像が荒れてしまうため使用はしませんが［画質：0］でも100％表示以上にしなければ荒れは目立ちません 04 ～ 10 。

画像用ファイルフォーマットの種類

Lightroomの出力ではJPEG、PSD、TIFF、PNGとRAWデータのDNG、元画像がある

TIFF（ZIP圧縮）のモノクロとカラーのファイルサイズ

JPEGの［画質］は「100」としておく

長辺約5,500ピクセルの画像（50％表示）

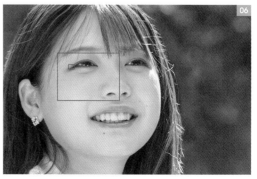

400％表示

1,200%表示のJPEG

1,200%表示のTIFF。JPEGとの違いはほぼわからない

12,800%表示のJPEG

12,800%表示のTIFF。JPEGと比べると隣り合ったピクセルのトーンが滑らか

ビット数にも注意

　出力時にTIFF、PSD、PNGを選択した場合、8bitと16bitの選択ができます 01 。8bitはRGB各色256色で総カラーがその3乗の約1,677万色、16bitはRGB各色65,536色で総カラーは65,536の3乗となります。bit数でややこしいのは、RAWデータは12bit（カメラの種類によっては14bitなどもあります）、モニターは通常8bit、ハイエンドで10bitとなっていることで、印刷においてはbit数という概念はなく、ある意味無段階となりますが、CMYのカラースペースを超える色は出せず、カラー分解によって175lpiの縦横交点の各色平均値を取るものなので、16bitのカラーを出せるというものではありません。

　この各色の数値は、8bitであればカラースペースの範囲内で0％の黒から100％の白までを各色256分割したもので、16bitとした場合には65,536分割となり、階調が増えるもので、カラースペースが拡張するものではありません 02 。

TIFF、PSD、PNGでは16bitの選択ができる

ビット数による色の階調はカラースペースの範囲内でヒストグラムの棒グラフの数

納品をするデータであれば8bitが標準で、Photoshopでも最新バージョンであれば16bitにかなり対応していますが、旧バージョンを使用していると対応でいない機能があります。また、ファイルサイズが大きくなってしまうため16bitでの納品は指定がない限り現実的ではありません。

16bitのメリットとは12bitのRAWデータのトーンを維持しながら出力ができ、Phtoshopなどで滑らかなトーンで調整できるのでトーンジャンプなどを抑えた調整が行えることで、その状態で8bitに変換してもトーンは8bitの階調の範囲で維持されます。Photoshopなどで再調整を行う前提がある場合や、納品先から16bitでという指定がある場合には16bitで出力しましょう。

> **Memo** ●
>
> ビット数の計算は、2進数が基準となるので8bitの場合は2の8乗となります。HDDなどの記憶メディアの256や512などの中途半端な数値はこの計算に基づくものです。また、8bitカラーで最大値255となるのは0～255となるためです。

注意点のまとめ

出力設定はどうすればよいのかというと、基本的に納品物である場合は、納品先の指定に合わせることが前提です。指定がない場合の最良の状態とは、ProPhoto RGB、TIFF、16bitということになります。ただ、この状態だと、ファイルサイズがかなり大きくなる反面、A3サイズ位であれば、ファイルサイズの小さいAdobe RGB（1998）、JPEG（画質：100）と見比べてもほぼわかりません。

最近ではあまりいわれなくなりましたが、その昔JPEGは画質が荒れるからよくないという話がありました。これは、デジタルカメラの画素数が小さい画像をかなりの拡大率で使用しなければならなかった時代の話で、PhotoshopのJPEG画質のデフォルトの設定が、10段階の8となっていて、出力に至るなどの間に複数の人の手によって前回等、何々か繰り返されることによって、画質を悪くしていった結果です。現在でも、同様な手順で出力されればよい結果にはなりませんが、再調整される原因となるモニターはキャリブレーションが取られていなくても、極端に見た目が異なることはなくなり、カメラの画素数やセンサーの精度がよくなり、LightroomやPhotoshopなどのソフトウェアの向上により、出力段階までの間に再調整されることが少なくなりました。

ただ、知識があまりない人にでも間違いなく出力できるようにとの配慮から、Lightroomのデフォルト設定ではProPhoto RGB、TIFF、16bitのフルサイズになっています。印刷用350dpiで使用サイズが最大長辺20cmの画像100枚の発注に対して、長辺40cm程のTIFF 16bitをデータ便などで送ったとしても、通信環境が向上した現在では問題ないかも知れませんが、受け取り側の記録メディアへの配慮などを考えるとあまりよいこととは思えません。特に、筆者のようにハードディスクがメガの時代からの古いタイプの人種は、できる限りファイルサイズを小さくが通常だったので、その使用サイズでは、ほぼ見ることのできないカラースペースや、比較してもわからないJPEGとTIFFに対しては、無駄なファイルサイズとして認識してしまいます。

これは半古のえ方なので、これが正しいというわけではありませんが、元画像が長辺約5,500pixel（約2,000万画素）のデータであれば、カラースペースはPhotoshopで設定される［プリプレス用 - 日本2］の［Adobe RGB（1998）］とし、印刷用のA3サイズまでは、［JPEG（画質：100）］、それ以上は［TIFF（ZIP圧縮）8bit／チャンネル］でよいと思います。16bitはPhotoshopなどによる再調整を行う場合や、500lph（通常は175lph）となるような高精細印刷を行う場合に設定しましょう。

Part
1

現像モジュールを
使いこなす

　　Lightroom Classicのメイン機能である現像モジュールについて解説していきます。
　　作業は主に画面右にある各調整パネルで行います。それぞれ特性があり、また互いに連動しているところもあるので詳しく見ていきましょう。また、各作業を円滑に行えるための機能が画面の左や下部に用意されています。このChapterでは、これらの便利機能も紹介します。

Chapter4

01

基本補正パネルを用いた基本的な現像

まずは「基本補正」パネルです。その名の通り、実は基本作業の多くはここで行うことが可能になっています。実際に作業する際はヒストグラムパネルやキャリブレーションパネルと共に使うと効果的なので、その併用方法を紹介します。

ヒストグラムパネルを常にチェックする

　ヒストグラムは画像の構成色であるRGB情報を左側が0%の黒、右側が100%の白でその範囲内のトーンを棒グラフ状にしたものです。Lightroom Classicのヒストグラム内は基本補正パネルの [階調] パラメーターと連動していて、[露光量][ハイライト][シャドウ][白レベル][黒レベル] をヒストグラム内でドラッグしながら左右に移動させることで調整が可能です 01 。
　ヒストグラムの両端上にある ◣ (ハイライトのクリッピングを表示とシャドウのクリッピングを表示) はクリックしてアクティブにしておくことで、白飛び、黒つぶれ部分を表示させることができます 02 、03 。白飛び、黒つぶれは0%の黒と100%の白を超えてしまっている部分で、その部分のトーンはなくなってしまいます。トーンが繋がっていれば飽和状態があっても不自然にはなりませんが、トーンジャンプや境界にフ

リンジが発生する原因になりやすくなります。また、モニターではなだらかに見えていても、印刷物になるとインクが乗りすぎて部分的に真っ黒になったり、インクが乗らずに地の紙の色が出てしまう場合があります。
　また、クリッピングがカラー表示されている場合は、彩度の上げ過ぎなどによる色飽和が起きています。色飽和は画像内にはクリッピング表示されませんが、部分的なカラーのトーンがなくなってしまうもので、境界のエッジなどが際立ってしまいます。また、色飽和はモニターのカラースペースによっても異なり、AdobeRGB(1998)準拠のモニターでは見えているトーンがsRGBモニターでは見えなくなる場合があるため、極力飽和させないように調整しましょう 04 ～ 07 。

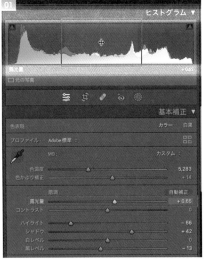

ヒストグラム内をドラッグして移動させることで、[露光量][ハイライト][シャドウ][白レベル][黒レベル]とリンクする

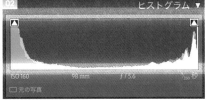

[ハイライトのクリッピングを表示]と[シャドウのクリッピングを表示]をクリックしてアクティブにする

ハイライト飽和が赤、シャドウ飽和が青で表示される

Part

4

038

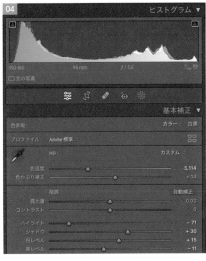

基本的な補正はこの飽和をなくすように設定する

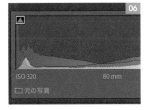

色飽和している部分は画像内には表示されず、■がカラーで表示される

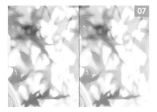

色飽和部分はトーンがなくなり塗りつぶしたような状態になる

基本補正パネルの［プロファイル］

撮影された画像は、フィルムでもメーカーや種類によって異なるように、カメラメーカーやレンズの種類によって色合いなどが異なります。プロファイルはカメラによる撮影時の設定でも行えるので、同じカメラで撮影しても設定の違いで雰囲気が変わります。これらのプロファイルのパターンを［Adobe Raw］やカメラに設定がある場合の［カメラマッチング］で変更させることができます。また、［アーティスティック］［ビンテージ］［モダン］［白黒］の特殊なプロファイルがあり、これらは［適用量］スライダーで、通常プロファイルに対しての適用量を調整できます 01 〜 05 。

プロファイルは設定変更しても、調整スライダーの変更は行われませんが、画像情報は変更されるので、ヒストグラムは変化します。

［プロファイル］のプルダウンには「お気に入り」が表示され、［参照］もしくは田で「プロファイルブラウザー」を表示できる

特殊プロファイルには［アーティスティック］［ビンテージ］［モダン］［白黒］がある

基本プロファイルの［Adobe Raw］、カメラ内プロファイルの［カメラマッチング］と特殊プロファイルが収められている

特殊プロファイルは[適用量]が使用でき、
基本プロファイルに対してのフェードが行える

適用量を強めた状態

基本補正パネルの［ホワイトバランス（WB）］

ホワイトバランスは、ブルーからイエローの［色温度］とグリーンからマゼンタの［色かぶり補正］のスライダーで調整するもので、色補正の基準となるものです。カメラの設定でも［太陽光］や［曇天］［オートホワイトバランス（AWB）］などがあり、これらは、そのライトの下でニュートラルグレーがニュートラルグレーになるような数値設定で、［WB］横のプルダウンから

設定変更することができます 01 。ただし、このホワイトバランスは、決められた設定値によるものなので、必ずしもその画像の状況に合わせたものではありません。できるだけ正確なホワイトバランスを取るためには、カラーチャートやニュートラルグレーなどを画像内に写し込んで、 （ホワイトバランス選択）を使用して設定します 02 ～ 05 。

［WB］のプルダウンからホワイトバランスを選択できる

カラーチャートを入れた画像

グレーに合わせてスポイトする

左側の［ホワイトバランス選択］を選択してアクティブにする

ホワイトバランスの設定が変更される

ただ、外光での撮影の撮影の場合、順光や逆光、空などの反射や天気の変化によってホワイトバランスは変化し、その状況の中で、人物などを撮影するのか、風景全体を撮影するのかによって設定値も変わってきます。特に逆光の場合、青空の反射に合わせると、人物はニュートラルになりますが、その設定値で全体の風景を撮影すると、アンバーが強い画像になります。カラーチャートを入れて撮影してもレフに向けたのか、青空に向けたのかによっても変化し、状況の変化に対して、その都度カラーチャートを入れて撮影するのもあまり現実的とはいえないので、あくまでも

基準として撮影しておきましょう。
タングステン光の店舗内で商品撮影をする場合、適正なホワイトバランスが必要になりますが、その商品を使用した店舗イメージのような場合、その環境光の雰囲気を出す必要があり、ホワイトバランスの設定値は異なります。調整は、最終的にどのような結果にするのかを想定し、ホワイトバランスもその想定に合わせて調整を行いますが、一度、カラーチャートのグレーなどに合わせた調整を行ってからイメージに合わせるようにしましょう 06 ～ 13 。

[WB]のプルダウンメニューで"日陰"に合わせた状態

[WB]のプルダウンメニューで"タングステン-白熱灯"に合わせた状態

文字と同色のグリーンのかぶりかぶる山陰のホワイトバランス・青+を調整した画像（右）

R 91.8/ 95.8 G 91.9/ 96.2 B 91.9/ 98.2%

[補正前と補正後のビューを切り替え]を使用すると両方の設定値が確認できる。補正前の服の白は平均的な値となり、補正後はブルーが強めになっていることがわかる

ヒストグラム

R 92.1 G 92.7 B 94.8%

□ 元の写真

カーソルを画像に合わせると、その部分のRGB値がヒストグラムに表示される

　[色温度]はケルビンの数値が低い側がアンバー、高い側がブルーとなりますが、スライダーではそのカラーをニュートラルに補正するための値となるため、数値の低い側にブルー、高い側にアンバーを乗せていくことになります 14 〜 16 。

タングステン光下で撮影された
ものを補正

Chapter 4

タングステン光下で撮影されたものを補正すると、色は正しくなるが、雰囲気は失われる

雰囲気を出すために[色温度]を調整

Column 色温度

色の温度とは絶対零度に置いた黒体を熱し続けた色の変化をいい、わかりやすいのはガスライターの炎で噴射口に近い熱の高い部分はブルーで離れて熱が低くなった部分はアンバーになります。

キャリブレーションパネルの[色かぶり補正]

[色かぶり補正]はホワイトバランス以外にキャリブレーションパネルにシャドウ側を補正する[色かぶり補正]があり、シャドウ域に対して調整を行います。人物のシャドウ部にかかったグリーンの反射などを調整するような場合に使用すると便利です█████～█████。

キャリブレーションパネルの[色かぶり補正]

シャドウ域のグリーンを調整

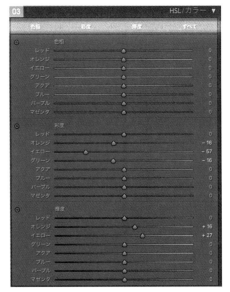

HSL/カラーパネルなどでさらに調整

人物のカラーが平均化する

基本補正パネルの［階調］

　基本補正パネルの［階調］は露出補正の基本といえる部分で、画像情報の中心部を移動させる［露光量］と中心から情報の縮小、拡張調整を行う［コントラスト］を基準として構成されています。パラメーターの配置としては、ヒストグラム右側の輝度の高いゾーンの［ハイライト］と左側の輝度の低いゾーンの［シャドウ］、高輝度の［白レベル］と低輝度の［黒レベル］に分かれています **01** ～ **15**。

元画像

ヒストグラムと階調

［露光量］の設定値は-5.00から+5.00

［コントラスト］の設定値は-100から+100

［ハイライト］の設定値は-100から+100、
中間トーンに近いハイライト域を調整

［シャドウ］の設定値は-100から+100、
中間トーンに近いシャドウ域を調整

［白レベル］の設定値は-100から+100、
高輝度に近いハイライト域を調整

［黒レベル］の設定値は-100から+100、
低輝度に近いシャドウ域を調整

Chapter 4

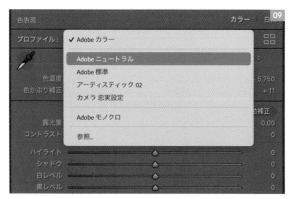

プロファイルを変更すると露光量
などが変更される

画像のヒストグラムと、変更されたプロファイル

Adobeカラー（左）とAdobeニュートラル（右）
コントラスト差はなくなるが、トーンはなだらかになる

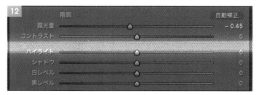

［露光量：-0.45］と調整

［ハイライト：-23］［シャドウ：+38］でHDR補正を行い、
［白レベル：+44］［黒レベル：-7］でコントラスト調整を行う

花びらの白はくすむが、よりディテールが再現される

滑らかなトーンとディテールが表現される

[ハイライト]以下の4本のパラメーターはコントラスト調整を分割したものですが、[コントラスト]のパラメーターは彩度に影響を与えやすいため、通常の画像は[露光量]で全体のバランスを調整後、[ハイライト]以下4本のパラメーターで調整してから、[コントラスト]調整を行いましょう。また、コントラストの強い画像の場合は、[ハイライト]以下のパラメーターでHDR補正を行ってから、[露光量]や[コントラスト]で微調整を行いましょう 16 ～ 25 。

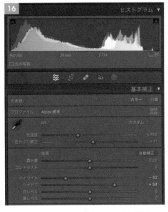

コントラストが強い画像は、[ハイライト][シャドウ]でHDR補正を先に行う

元画像（左）と補正画像（右）

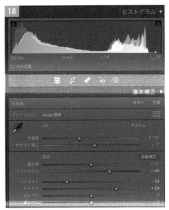

[コントラスト]でコントラスト調整を行った状態

ハイライト、シャドウ側に平均的なコントラスト調整が行える

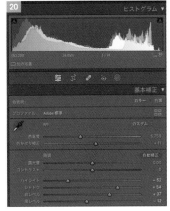

[白レベル][黒レベル]でコントラスト調整を行った状態

ハイライト側とシャドウ側を個別にコントラスト調整が行える

Chapter 4

[露光量]をプラス側にして[ハイライト][白レベル]をマイナス側、[シャドウ][黒レベル]をプラス側でHDR補正を行う

全体のトーンは平均的になった分、フラットな印象になる

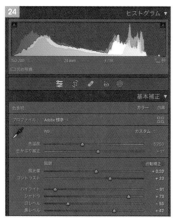

[コントラスト]をプラス側に調整する

コントラストが強まったことで、メリハリが付く

基本補正パネルの[外観]

[外観]には画像のテクスチャエッジに効果を与える[テクスチャ]と[明瞭度]、カラー濃度に効果を与える[かすみの除去]と彩度調整を行う[自然な彩度]と[彩度]があります 01 。

外観の構成。[外観]の文字部分をダブルクリックで全設定がリセットでき、[ホワイトバランス]や[露光量]も同様で、各パラメーターも単体でリセットできる

[テクスチャ]はエッジ周辺のコントラストの調整（マイナス側でコントラスト差をなくします）で、[明瞭度]はエッジ周辺の明度差の調整を行います。両方とも輝度差に対してエッジ周辺のシャープ、ぼかし効果が加わるため、特に[明瞭度]は周辺に濃度差などに影響があります。また、プラス側で、見た目のシャープさを得ることができますが、[効果]のシャープとは

異なります。[かすみの除去]はプラス側で、濃淡差が浅くかすんで見えている部分のカラーコントラストを際立たせることで、かすみを除去したような効果を与え、マイナス側では全体の濃淡差を浅くします。
[自然な彩度]はブルー系の彩度が強くかかり、[彩度]は全体的にバランスよく彩度調整されますが、レッド、グリーン系に強めにかかります 02 〜 09 。

元画像

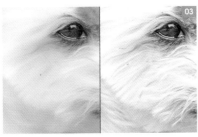

[テクスチャ]-100（左）と+100（右）

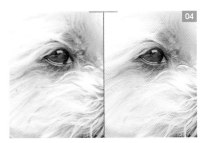

[テクスチャ]+100（左）と[階調]の
シャープ調整（右）

元画像

[明瞭度]-100（左）と+100（右）

[明瞭度:-100]（左）と[テクスチャ:-100]（右）

特にコントラストの浅い部分を調整するが、
全体のカラーに対して影響が出る

　ホワイトバランスや階調の調整で彩度は変化するので、彩度調整は基本補正の最後に行うようにしましょう。また、他のパラメーター調整でもいえることですが、調整パラメーターは徐々に移動させるより、振り幅を大きくしたほうが調整しやすくなります。ただし、特に彩度は強めに調整した状態を維持し続けると、その状態に目が慣れてしまい、より強く調整してしまう場合があります 10 ～ 20 。

彩度以外の調整を行う

彩度調整以外の調整でも、彩度が調整される

Chapter 4

[自然な彩度]の調整

[彩度]の調整

ブルー系に強く彩度がかかる

平均的に彩度調整されるが、レッド、
グリーン系に強く彩度がかかる

[自然な彩度]と[彩度]を組み合わせて
使用する

調整結果

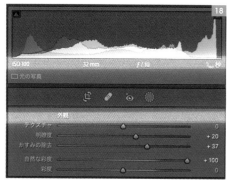

[自然な彩度：+100]。色飽和は起こしにくくなる
が、ブルーはかなり強調される

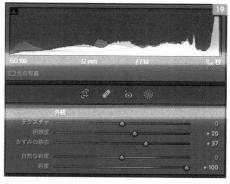

[彩度：+100]。全体的にバランスの取れた彩度調整と
なるが、自然な彩度より色飽和を起こしやすくなる

[自然な彩度：+100]（左）と[彩度：+100]（右）

02

トーンカーブパネルの3つのトーンカーブ

Photoshopでおなじみのトーンカーブですが、Lightroom Classic
のトーンカーブには3つのトーンカーブ機能が用意されています。
目的に合わせてうまく使っていきましょう。

パラメトリックカーブ

トーンカーブパネルには[調整]の左側から「パラ
メトリックカーブ」「ポイントカーブ」「RGB個別のポイ
ントカーブ」があります 01 、 02 。

「パラメトリックカーブ」は[範囲]の4本のスライ
ダーとカーブパネル内を移動させることで調整を行
います。[基本補正]の調整とはパラメーターの構成
が異なり、カーブの形状で感覚的な調整が行えます。
カーブ調整の基本は、元画像の露光量が適正であれ
ば、中心を基準としたS字で高コントラスト、逆S字で

低コントラスト画像となります。

スライダーやカーブパネル内にカーソルを合わせ
ると、各パラメーターの調整範囲が表示され、カーブ
パネル下のスライダーで調整範囲を変更できます。
また、[調整]の左にある◎(写真内をドラッグしてトー
ンカーブを調整)をクリックしてアクティブにすること
で、画像内の調整範囲が確認でき、ドラッグしながら
上下に移動(スクロールがある場合はスクロール)さ
せることで調整を行えます 03 ～ 18 。

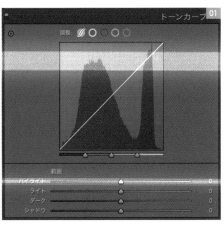

パラメトリックカーブのパネル

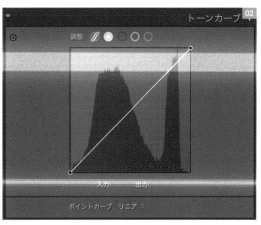

ポイントカーブのパネル

元画像とヒストグラム

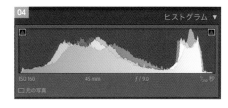

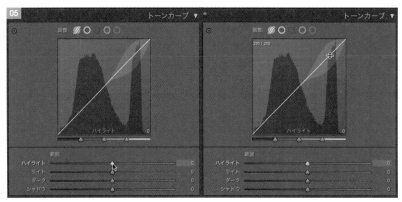

スライダーとカーブパネル内は
リンクして調整できる

トーンカーブのみで調整

調整結果

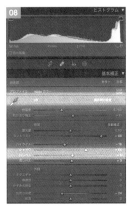

基本補正のみで調整

まったく同じにはならないが、同様の調整を行える

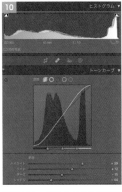

調整によって黒つぶれと飽和状
態が発生した状態

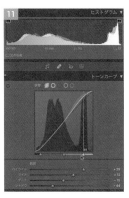

カーブパネル下のスライダーで
飽和をなくすように調整できる

［写真内をドラッグしてトーン
カーブを調整］アイコン

画像内にカーソルを合わせ、ドラッグしながら上下で調整できる

Part 4

基本補正でのHDR補正

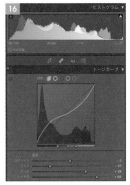

基本補正（左）との比較

パラメトリックカーブでの
HDR補正

基本補正最大値でのHDR補正（左）とパラメトリックカーブ最大値でのHDR補正（右）の比較

ポイントカーブ

「パラメトリックカーブ」が制限された調整範囲となるのに対して、ポイントカーブは複数のポイントで調整が行え、両端のポイントも移動させられます。「基本補正」や「パラメトリックカーブ」ではできないような部分的な調整などが行えますが、トーンジャンプなどを発生させる可能性も高くなるので、拡大表示させて確認しながらの調整となります 01 ～ 07 。

ポイントカーブで調整

黒つぶれ、白飛びの飽和状態

Chapter 4

飽和状態が解消される

両端のポイントをシャドウ側を上に、ハイラ
イト側を下に移動させる

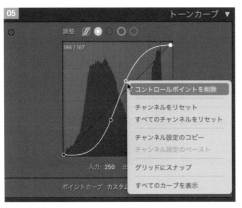

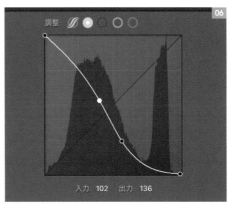

ポイントの削除は、カーソルを合わせて右クリック（⌘〔Ctrl〕+ク
リック）でメニューを表示して［コントロールポイントを削除］を
選択する

ポイントカーブはポイントを複数配置でき、位置を上下に自
由に移動できる

ポイントカーブを反転させた状態

RGBポイントカーブ

　RGB個別のポイントカーブは、R（レッド）とC（シア
ン）、G（グリーン）とM（マゼンタ）、B（ブルー）とY（イ
エロー）の補色の関係性に対して調整を行うもので
す。ホワイトバランスの［色温度］B・Yと［色かぶり補
正］G・Mと構成は同様ですが、xy軸のクロスポイント
で色を設定するホワイトバランスに対して、RGB三角
の重点位置で色の設定を行うRGBでは色のポイント

が異なり、カーブを使用しての調整となるため、ブ
ルーのポイントカーブの中央をイエロー側に移動さ
せた色と、色温度をイエロー側にした色では異なりま
す。このことを踏まえて、ホワイトバランスで乗りすぎ
た色をポイントカーブで減色させるなどの調整が行え
ます 01 〜 08 。

Part 4

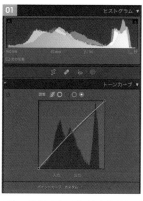

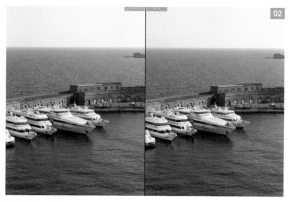

ブルーポイントカーブで中央をブルー側に持ち上げた状態

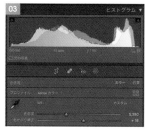

ホワイトバランスで同様の調整結果にするためには［色温度］と［色かぶり補正］での調整を行う

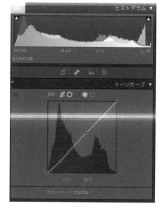

ブルーとグリーンのポイントカーブで調整

建物の色を維持して、空色をイエロー側に、影になっている部分をマゼンタ側に調整

03

HSL/カラーパネル

色相とは、赤、オレンジ、黄、緑、青、紫のような色の違いを表した
もので、これを輪のように繋げたものを色相環といいます。この色
相環の考え方で色を調整していくのが、この「HSL/カラー」パネ
ルです。

色相環に基づいて調整するHSL/カラーパネル

　HSLは色相環と彩度、輝度で、RGBやホワイトバラ
ンス同様、色の構成指定を行うものです。トーンカー
ブのRGBポイントカーブがRGBと色相環では反対の
色のCMYとのバランスでカラー調整を行うのに対し、
色相環を6分割+2色(オレンジ、パープル)で[色相]
[彩度][輝度]の調整を各色ごとに行うもので、RGB
ポイントカーブやホワイトバランスが全体の色調整を
行うのに対して、部分的な色調整を行えます。

　パネルタイトルのHSLとカラーは選択ができ、カ
ラーは色系統でまとめたもので、調整自体に変化は
ありません。HSL、カラーともデスクトップで作業する
には[すべて]や全色を選択したほうが作業は行いや
すいのですが、「Lightroom」では名称が[カラーミキ
サー]となり、現段階では同様な表示はできません
01 ～ 05 。

色相環に対してのHSL/カラーパラメーターの
配置

[HSL]の[すべて]で表示
(Lightroom Classic)

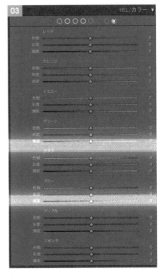

[カラー]の全色表示
(Lightroom Classic)

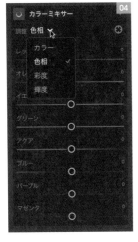

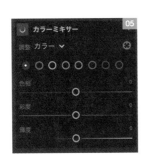

[カラーミキサー]の表示は各セクションまたは
各カラーごとの表示となる(Lightroom)

Part 4

054

HSL表示の場合、[色相][彩度][輝度]に対して各セクション左側に、トーンカーブパネルと同様な画像内調整アイコンがあり、画像内をドラッグしながら移動させることで調整ができ、混色になっている部分の調整も行えます 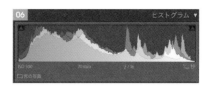 〜 19 。

元画像

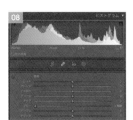

[色相]の[ブルー：最小値
-100]と設定

ブルー要素のある範囲のカラーが
調整される

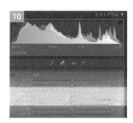

[色相]の[ブルー：最大値
+100]と設定

色相はマイナス側で、パラメーターで上に
配置される（この場合はアクア）、プラス側
で下に配置される（この場合はパープル）
に近づいていく

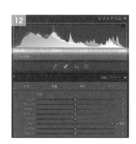

[彩度]の調整

（左）-100、（右）+100

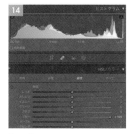

[輝度]の調整

（左）-100、（右）+100

Chapter 4

各セクションの左側に［写真内をドラッグして○○を調整］アイコンがあり、クリックしてアクティブにできる

調整したいカラーにカーソルを合わせて上下に移動させることでパラメーターとリンクして調整される

混色になっている部分は両方のカラー範囲が調整される

調整結果

Column　Lightroomの「カラーミキサー」

Lightroom Classicの「HSL/カラー」は、Lightroomでは「カラーミキサー」が該当します。このカラーミキサーは全パラメーター表示は行えませんが、［被写体調整］をクリックしてアクティブにすることで、画像内調整が行え、画像内のメニューで「色相」「彩度」「輝度」を選択できます。また、メンカーブ調整が行えます 01 〜 03 。

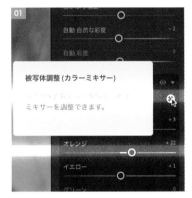

Lightroomでは［被写体調整（カラーミキサー）］

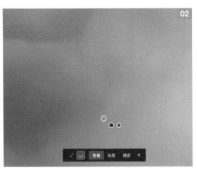

画像内にメニューが表示される

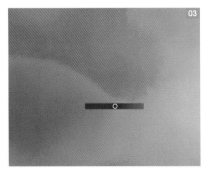

ドラッグしながら上下左右で調整できる

Memo •

HSLは色相（Hue）、彩度（Saturation）、輝度（Lightness）で構成されるもので、Photoshopの「色相・彩度」や「カラーピッカー」にあるHSB（HSV）とは色空間の構成は異なるものですが、パラメーター上では輝度（Lightness）が明度（Brightness/Value）となるだけで、ほぼ同様なものです。

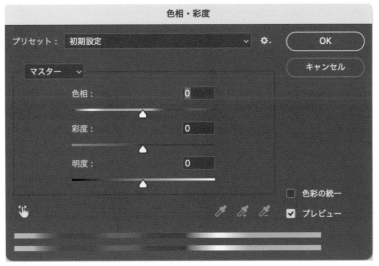

Photoshopの「色相・彩度」

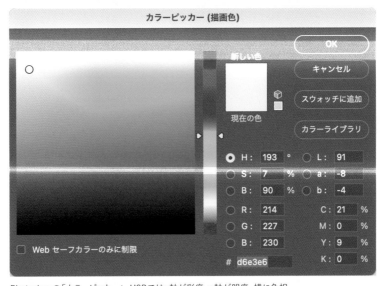

Photoshopの「カラーピッカー」。HSBではx軸が彩度、y軸が明度、横に色相

カラーグレーディングパネル

写真の明るい箇所を「ハイライト」、暗い箇所を「シャドウ」といいますが、「カラーグレーディング」パネルでは、ハイライトとシャドウ、そしてその中間ごとに、色相・彩度・明度の調整を行うことができます。

シャドウ／ハイライトで考えるカラーグレーディングパネル

　カラーグレーディングは［中間調］［シャドウ］［ハイライト］の個別の色調整が行えるもので、［全体］の調整も行えます。調整は、色相環の中央にある◎をドラッグしながら調整方向に移動させ、外側に向かうほど彩度が上がります。周辺に現れるハンドルで、微妙な色調整が行え、スライダーで輝度調整が行えます。全体表示で大まかな調整を行ってから、［色調補正］で単独表示に切り替えて細かな調整を行いましょう。

　単独表示では、パネル右にある◎をクリックで単体の表示非表示が行え、◀で色相環とリンクした調整スライダーが表示されます。また、左のカラーピッカーをクリックすると［カスタムカラー］が表示され、スポイトをドラッグしながら画像内に合わせてカラーを確認でき、スウォッチカラーに設定することもできます 01 ～ 06 。

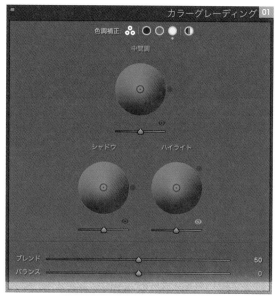

カラーグレーディング（全体表示）

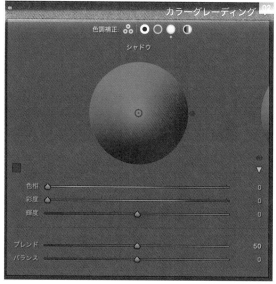

カラーグレーディング（単体表示）

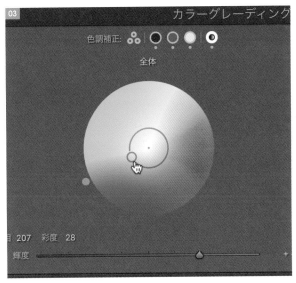

彩度は内側の◎をドラッグして移動させる

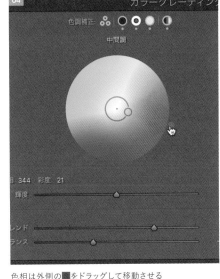

色相は外側の■をドラッグして移動させる

カラーピッカーをクリックしてスポイトをドラッグしながら
移動させ、画像内からカラーを設定できる

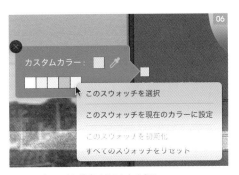

カラースウォッチに設定することもできる

色空間に対しての構成はHSL/カラーパネル同様、HSLとなって
いて、HSL/カラーパネルが色で分割しているのに対し、トーンで
分割しています。以前のバージョンでは明暗別色補正となってい
て、カラーの変更や追加を行うもののため、彩度で色を抜いていく
ようなパラメーターの設定にはなっていません。[彩度]パラメー
ターは、追加していく彩度の強度調整というイメージです。また、
[輝度]パラメーターの範囲も追加していくカラーの輝度調整とな
るため、効果範囲は、[露光量]の±0.5位の幅となっています。[ブ
レンド]パラメーターは[シャドウ][ハイライト]の画像全体への強
調度合いで、[バランス]パラメーターは[シャドウ][ハイライト]範
囲の調整です 07 ～ 19 。

　また、[シャドウ][ハイライト]の輝度調整は「トーンカーブ」で行
う白飛び、黒つぶれの制限が行え、こちらのほうが調整が容易で
す。

元画像

Chapter 4

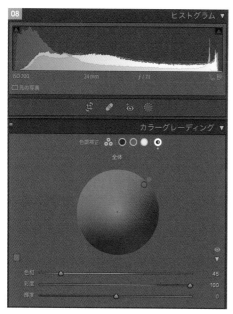

全体でアンバーを最大でかけた状態

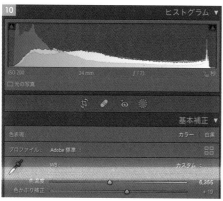

［色温度］でグリーンに合わせた調整を行う。カラーグレーディング（左）の方が全体にアンバーがかかっていて、コントラストも強くなる

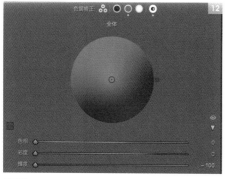

［輝度］パラメーターは-100から＋100の設定値

［輝度：-100］（左）と基本補正［露光量：-0.5］がほぼ同様となる

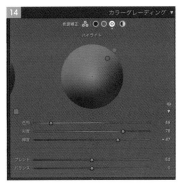

ホワイトバランスの設定値がアンバーライトの室内にあっている場合、外光部分はブルーになるため、カラーグレーディングの[ハイライト]をアンバー側に調整すると、ライトカラーが平均化できる

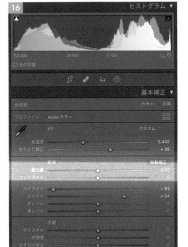

調整結果

基本補正でホワイトバランス
調整を行った状態

[シャドウ][ハイライト][中間調]を個別に調整

カラーグレーディングで調整

05

ディテールパネル

高感度撮影などによって写真がざらついたり、思ったようにシャープになりにくい場合があります。「ディテール」パネルはそういったシャープさやノイズを調整することができます。

シャープネスとノイズ軽減で調整するディテールパネル

ディテールパネルでは、画像のシャープ処理とノイズ軽減処理が行えます。どちらの調整も、画像を拡大して行いますが、拡大表示での調整はシャープ、ノイズ軽減のかけすぎなどの、極端な調整を行ってしまう場合があります。基本的には100%表示で調整具合を確認しながら、調整しましょう。また、ディテールパネルの◀をクリックしてナビゲーターを表示し、画像

確認用のウィンドウをクリックすることで、100%もしくは200%表示として確認することもできます。表示する拡大位置は、ウィンドウ内をドラッグしながら移動させるか、左側の⊕（写真内をクリックして詳細ズーム領域を調整します）をクリックしてから画像内をクリックして表示できます 01 ～ 06 。

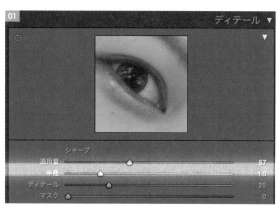

ディテールパネル

ナビゲーターパネル右のプルダウンから
拡大表示設定が行える

800%表示状態

ナビゲーターパネル100%表示。
調整は拡大表示と100%表示で確認しながら行おう

Part 4

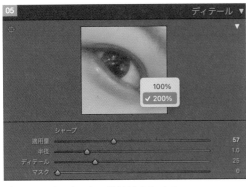

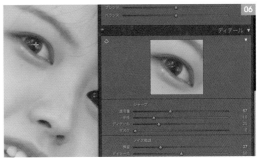

ディテールパネル内のウィンドウは右クリックで
拡大率を変更できる

ウィンドウ左のアイコンをクリックして画像内から
表示位置を選択できる

ディテールパネルの［シャープ］

　［シャープ］にはベースとなる［適用量］、ピクセル
の半径の［半径］、ピクセルコントラストの［ディテー
ル］、エッジ以外を滑らかにする［マスク］のパラメー
ターがあります。基本的な手順としては、［適用量］で
シャープをかけて、ピクセルのエッジが目立たなくな
るように［半径］で調整し、［ディテール］でピクセルコ
ントラストを調整します。［適用量］でシャープをかけ
てから［ディテール］をマイナス側に調整するだけで

もピクセルのエッジは目立たなくできますが、シャー
プさが失われてしまうため、［半径］調整を行ってから
［ディテール］をかけるようにしましょう。［マスク］は
エッジを残して、周辺をぼかす効果を与えるもので、
周辺に残ってしまったブロックノイズなどを緩和しま
す。ただし、調整のバランスによってはエッジ付近の
ピクセルを際立たせてしまう場合があります 01 ～
09 。

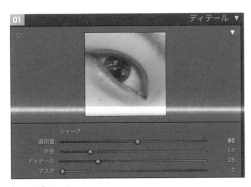

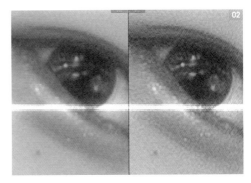

［適用量］の調整

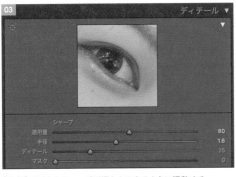

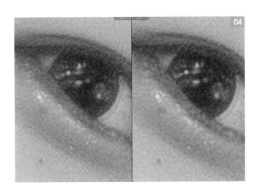

［半径］でピクセルエッジが滑らかになるように調整する

Chapter 4

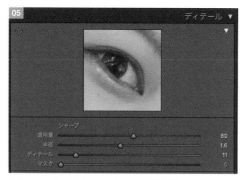 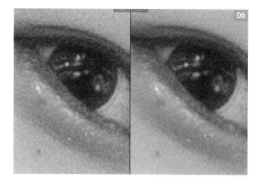

［ディテール］でピクセルコントラストの調整を行う

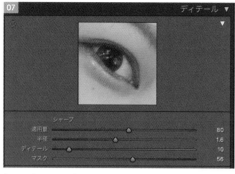 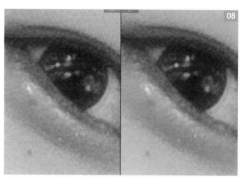

［マスク］はシャープ調整というよりは、エッジを残したぼかしの調整というイメージ

100％表示で確認する

ディテールパネルの［ノイズ軽減］

　［ノイズ軽減］には輝度ノイズとカラーノイズに対しての パラメーターがあり、カラーノイズはデフォルトで調整状態に なっているので、カラーの斑点が見える状態のみ調整します。 ［輝度］でノイズ調整を行い、［ディテール］はノイズ調整に よって甘くなったエッジシャープの強調で、［コントラスト］は ピクセルコントラストの調整となります。ノイズ軽減によって 失われたシャープは［シャープ］調整でも行えますが、ピクセルを際

立たせてしまうので、［ディテール］で調整した後に足り ないシャープを補足するように調整します。

　ここでは調整状態がわかるように拡大表示してい ますが、ノイズ軽減は調整しすぎると粒状感が失われ てしまうので、調整は100％表示で行い、拡大表示で ピクセルのエッジが滑らかになっているかを確認しま しょう 01 〜 11 。

全体表示

400％表示でノイズのエッジが目立っていることがわかる

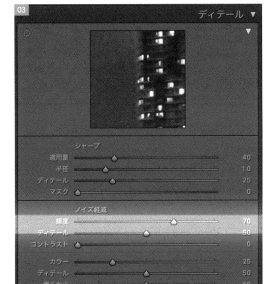

［輝度］調整を行う

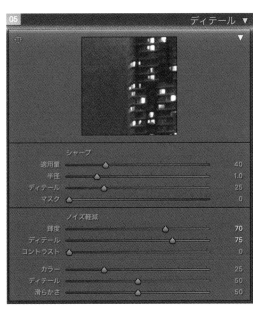

［ディテール］でエッジなどが見えるように調整する

Chapter 4

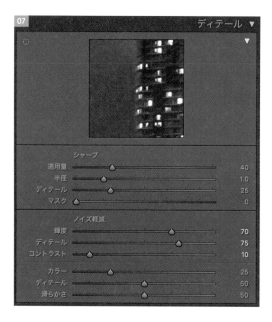

コントラストはピクセルコントラストを強めることで全体のコントラストが強まるが、強調しすぎるとフラットな部分のノイズ感が高まってしまう

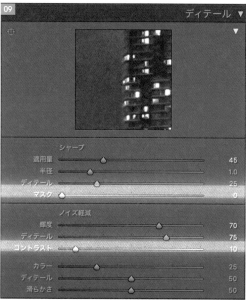

100%表示で確認する

06

レンズ補正パネル

カメラのレンズには物理的な歪みがあり、そのメーカー、機種によって特性が異なります。Lightroom Classicには数多くの機種の特性をプロファイルとして持っており、この「レンズ補正」パネルで各機種に適応させることができます。

個別のレンズに対応させるレンズ補正パネル

　レンズ補正パネルは、レンズによる色収差の補正と、ゆがみや周辺光量補正を行うもので、色収差はチェックを入れることですべての画像に適用されますが、レンズプロファイルの補正は登録されていないと［メーカー］に［なし］と表示され、適用されません。プ

ロファイルはアップデートなどで追加され、スマートフォンやGoProなども含まれているので、［なし］と表示されても、メーカーと近いレンズで設定することができます **01** 、 **02** 。

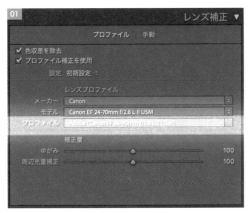

レンズ補正パネルの［プロファイル］

［プロファイル］の［メーカー］が［なし］となる場合は、「メーカー」を設定すると自動で設定される。それでもレンズが設定されない場合は近いレンズを設定する

レンズ補正パネルの［プロファイル］はチェック必須

　プロファイルパネルには［色収差を除去］［プロファイル補正を使用］のチェックボックスがあり、基本的にはチェックを入れておいたほうがよいので、読み込みの設定で入れるようにしましょう。［補正量］のパラメーターに［ゆがみ］と［周辺光量補正］があり、自動設定されるプロファイル補正を再調整することができます **01** ～ **05** 。

［色収差を補正］にチェックを入れた状態（右）

Chapter 4

[プロファイル補正を使用]にチェックを入れた状態。ゆがみと周辺光量が自動で調整される

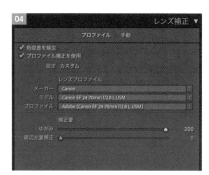

[補正量]で自動調整された状態。ゆがみと周辺光量を再調整できる

手動

レンズ補正パネルの[手動]には[ゆがみ]パラメーターがあり、プロファイルの[ゆがみ]より極端な調整が行えます 01 、 03 、 04 。「Lightroom」ではこのパラメーターは、Lightroom Classicの変形パネルにあたる「ジオメトリ」にあります 02 。

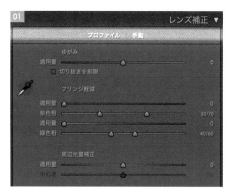

レンズ補正パネルの[手動]

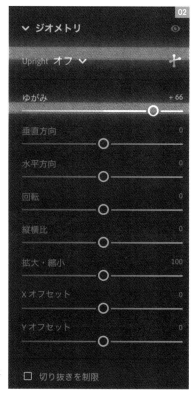

Lightroomでは[ジオメトリ]に
[ゆがみ]がある

手動パネル［ゆがみ］の最小値（−100）と最大値（＋100）を設定

　［フリンジ軽減］はプロファイルの［色収差を除去］で補正しきれないフリンジを除去するものです。色収差やフリンジはコントラストやカラーコントラストが強い部分に発生し、Lightroomの設定では、ブルー、レッド系が色収差で、パープル、グリーン系がフリンジとなっていますが、ブルー系の除去しきれない収差も、［フリンジ軽減］のスポイトをカラーに合わせてクリックすることで軽減設定を行えます（スポイト内にカラーが設定されない場合は調整が行えません）05 〜 12 。

　手動の［周辺光量補正］は［ゆがみ］同様、プロファイルの［周辺光量補正］より補正幅が大きく、効果パネルの［切り抜き後の周辺光量補正］と同様の効果を得られます 13 、 14 。

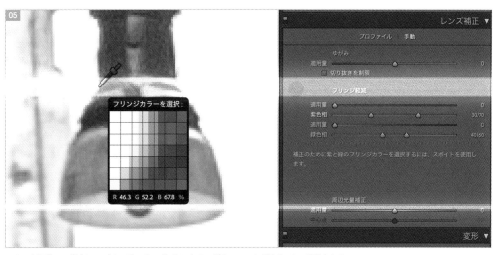

フリンジ軽減のスポイトで、ブルー系でもスポイトにカラーが入っていればクリックで調整される

 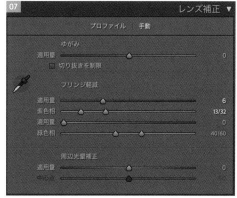

スポイトでクリックした調整結果

Chapter 4

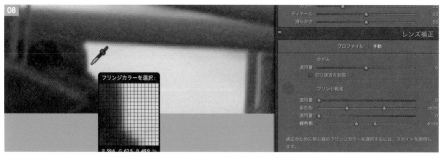

パープルとグリーン
系のフリンジ

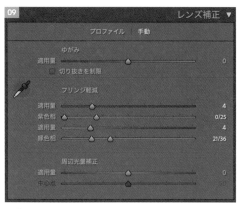

スポイトでの自動調整では、画像の他の部分に影響が出る場合がある

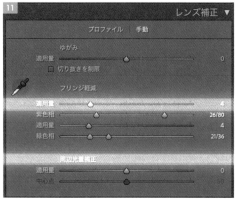

画像全体を確認して、影響がなくなるようにスライダーで調整する

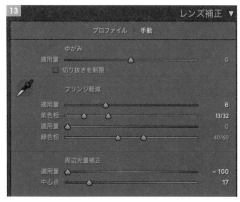

［周辺光量補正］は［適用量］と［中心点］で補正する

Part 4

07

変形パネル

水平線や人工的な構築物が入る写真では、水平／垂直はきちんと
しておきたいものです。「変形」パネルではこれらを調整します。

水平／垂直などを補正する変形パネル

変形パネルでは［Upright］による自動変形と、［変形］による手動変形が行うことができます 01 。画像の回転やパースの変更ができ、制限はありますが、見上げたパースを垂直に矯正することなどもできます。

ただし、極端な調整はトリミング幅が必要となる上に、ピクセルも変形させることになるため、特に画像の拡張幅の広い部分の画質は荒れてしまいます 02 。

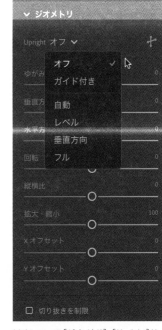

Memo

Lightroomではジオメトリパネルが該当します。Lightroom Classicのレンズ補正パネルの［手動］にある［ゆがみ］もこのジオメトリパネルに実装されています。

Lightroomの［ジオメトリ］。［Upright］はプルダウンから選択

変形パネル

レンズ補正パネルでは［手動：ゆがみ］と［変形］の組み合わせで
極端な調整ができるが、画質の荒れなどに注意したい

変形パネルの［Upright］

［Upright］には［自動］［水平方向］［垂直方向］［フル］のオート調整と［ガイド付き］のセミオート調整があります 01 、02 。

オート調整は、画像内の垂直水平ラインやパースを基準にして調整を行うもので、［水平方向］は水平ライン合わせの回転調整で、［自動］は水平プラス見た目

重視の垂直ライン補正、［垂直方向］は縦ラインを垂直に、［フル］は水平垂直ラインを水平垂直に合わせます 03 ～ 06 。ただし、ラインが認識できないものや、同一方向に複数の異なるラインがある場合、見上げたパースなど矯正しきれない画像もあります。

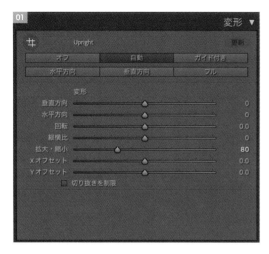

元画像、矯正がわかりやすいように［拡大・縮小］で縮小調整した状態

［Upright：自動］

［Upright：水平方向］

［Upright：垂直方向］

［Upright：フル］

［Upright］の［ガイド付き］

　［Upright］の［ガイド付き］は、垂直2本、水平2本のガイドラインを画像内に配置して矯正を行うものです 01 〜 04 。垂直2本を建物などのラインに合わせることで［垂直方向］、水平1本を追加することで［水平方向］、水平2本を追加することで［フル］と同じ状態になります。

　ラインは再調整でき、ラインを選択してdelete〔Delete〕キーを押すことで消去が可能です。ラインの角度や組み合わせ方によって、パースの強弱や中心線の変更などが行えます。

［Upright：ガイド付き］ガイドアイコンをクリックして画像内の垂直、水平線にルーペでラインを確認しながらガイドを配置

垂直ラインに2本のガイドを配置すると画像補正が行われる

水平に設定したいラインにガイドを配置

垂直2本、水平1本のガイド3本で調整した状態

変形パネルの［変形］

［変形］のパラメーターは［垂直方向］［水平方向］［回転］の基本矯正と、［縦横比］［拡大・縮小］などの補助矯正があります **01** ～ **06**。［Upright］の調整とはリンクしないので、［Upright］調整後に別調整として微調整も行えます。［切り抜きを制限］にチェックを入れておくと余白部分が自動的にトリミングされます **07**、**08**。

ただし、一度設定されたトリミング範囲は固定され

てしまうので、チェックを入れたまま調整を続け、［変形］の文字をダブルクリックしてパラメーターをリセットしても、トリミングされたままになってしまいます。リセットする場合は、ツールバーにある［切り抜き］の［縦横比：］から［元画像］もしくは［撮影時］を選択します。また、［切り抜き］を表示させながら変形調整は行えるので、［拡大・縮小］で縮小させてトリミング位置を調整しながら調整を行えます **09**、**10**。

［変形：垂直方向］と［変形：回転］で水平垂直を調整

［変形：水平方向］は左右のパース調整を行う

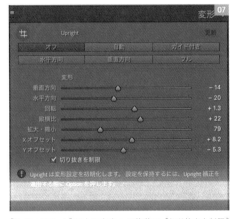

矯正によって伸長した画像を［変形：縦横比］で調整

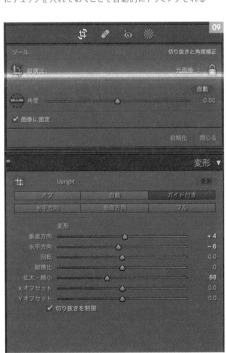

［X、Yオフセット］は上下左右への移動で、［切り抜きを制限］
にチェックを入れておくことで自動的にトリミングされる

［切り抜き］との併用でトリミング位置の確認、
変更などができる

08

効果パネル

「効果」パネルは、被写体周辺の光量や写真の"粒状感"など、いわゆる視覚的補助効果をコントロールすることができます。周辺光量による演出を加えたいときなどにもよく使用します。

視覚的補助効果を与える効果パネル

効果パネルには［切り抜き後の周辺光量補正］と［粒子］があり、どちらも画像の視覚的補助効果を調整するものです 01 。

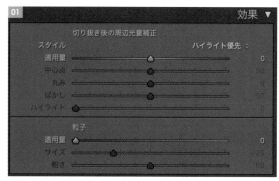

効果パネル

効果パネルの［切り抜き後の周辺光量補正］

［切り抜き後の周辺光量補正］は画像の周辺光量を調整するもので、［レンズ補正：手動］の［周辺光量補正］より調整幅や効果パラメーターが充実しています 02 、 03 。

［切り抜き後の周辺光量補正］には3種類のスタイルがあり、ディテールの明度などに違いはあります

が、基本的には効果の度合の違いです。

［適用量］はマイナス側で黒、プラス側で白を周辺に乗せていき、［中心点］は大きさ、［丸み］は画像周辺に対しての丸みの調整で、［ぼかし］は光量のエッジのぼかし具合の調整です。

［切り抜き後の周辺光量補正］で
周辺を明るめに調整

調整結果

[カラー優先]と［オーバーレイをペイント]は
調整の強度の変化

[カラー優先]（左）と［オーバーレイをペイント]（右）の強度の違い

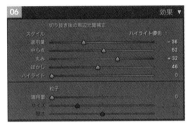

周辺を暗めに調整

調整結果

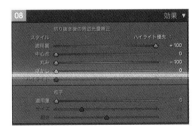

[適用量：+100][中心点：0][丸み：-100]
[ぼかし：0]と調整

枠のような効果を得られる

切り抜き調整をしても調整は維持される

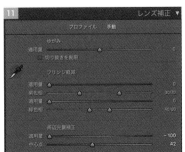

[レンズ補正：手動]の周辺光量補正は
切り抜きには対応しない

Chapter 4

[レンズ補正：手動]（左）と［切り抜き後の周辺光量補正］

前ページ、レンズ補正パネルの［手動］→［周辺光量補正］で［適用量：-100］［中心点：42］としたのと似た要領で、［適用量：-50］［中心点：47］に

効果パネルの［粒子］

　［粒子］は画像に粒状感を与えるものです。ノイズ軽減調整などで失われた粒状感や 、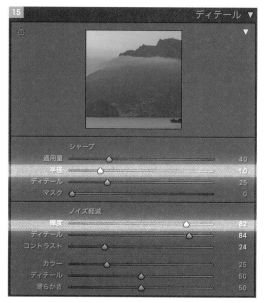 変形調整で場所によって異なってしまうピクセルノイズに、大きさの揃った粒子を乗せることで、画像全体を平均的に馴染ませます  ～ 19 。

ノイズ調整した画像

粒状感が失われている

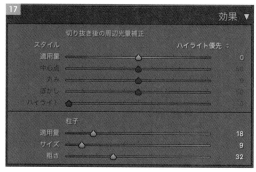

［粒子］調整を行う

元画像との比較。揃った粒子が配置される

300%表示

[適用量]はピクセルのコントラスト、[サイズ]はピクセルのぼかし、[粗さ]は隣り合ったピクセルとの濃淡差の調整に使います 20 〜 22 。

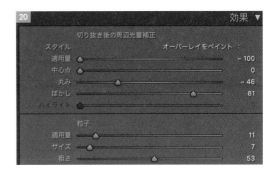

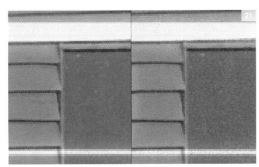

通常の補正画像でも粒状感を与えることでシャープさを強調できる（拡大表示は1,600%）

09

キャリブレーションパネル

Lightroom Classicの現像機能のプログラム部分、すなわち"現像エンジン"は、これまで幾度かのバージョンアップが行われています。「キャリブレーション」パネルではそのバージョン管理を行うことができます。

キャリブレーションパネルの［処理］

　［処理：バージョン］では、旧バージョンで取り込まれた画像はそのバージョンでの調整パラメーターとなり、バージョンによってパラメーターの調整範囲やパネル名などが異なります。基本的には最新バージョンでの処理がよいため、バージョンが異なる場合はパネル下の［初期化］で最新バージョンに更新します 、 02 。

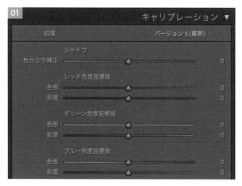

キャリブレーションパネル

プルダウンからバージョンを変更できる。最新バージョンにするには
「初期化」をクリックする

3つの色度座標値の考え方

　パネルの下には、［レッド色度座標値］［グリーン色度座標値］［ブルー色度座標値］の3つの色度座標値パラメーターがあります。これらは補色で考えるトーンカーブとは異なり、 03 のようなRGB三角形の各頂点を辺に沿って移動させるイメージで調整します。ホワイトバランスと同様に元の画像カラーを変更することになります。

　［レッド色度座標値］はマイナス側でマゼンタ方向、プラス側でイエロー方向、［グリーン色度座標値］はマイナス側でイエロー方向、プラス側でシアン方向、［ブルー色度座標値］はマイナス側でシアン方向、プラス側でマゼンタ方向に移動します 04 ～ 09 。

> **Memo**
>
> このパネルにある［シャドウ］の［色かぶり補正］はシャドウ部のグリーン、マゼンタの調整を行います（P.42参照）。

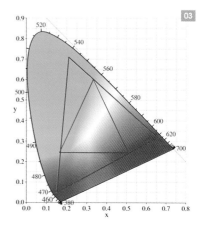

RGBの頂点位置を辺に沿って移動させ、
三角の形状を変更するイメージ

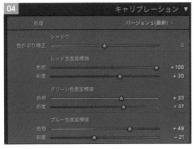

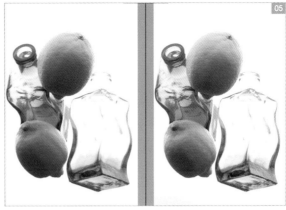

[レッド色度座標値]で[色相：+100]［彩度：+30]、
[グリーン色度座標値]で[色相：+33]［彩度：
+37]、[ブルー色度座標値]で[色相：+49]［彩度：
-21]とした例

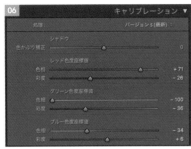

[レッド色度座標値]で[色相：+71]［彩度：-26]、
[グリーン色度座標値]で[色相：-100]［彩度：
-36]、[ブルー色度座標値]で[色相：-34]［彩度：
+6]とした例

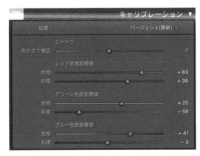

[レッド色度座標値]で[色相：+63]［彩度：+36]、
[グリーン色度座標値]で[色相：+25]［彩度：
-58]、[ブルー色度座標値]で[色相：+41]［彩
度：-3]とした例

Chapter 4

10 ツールストリップの「マスク」

Lightroom Classicは毎年アップデートが行われていますが、2022年秋のアップデートではいつもより大幅なバージョンアップがなされました。その中でも大きく進化したものの1つが、ツールストリップにある「マスク」ツール機能です。

新しくなった「マスク」機能

マスクには、形状やエッジの繋がりに合わせて選択範囲マスクを作成する[被写体を選択][空][背景]、ブラシを使用してマスクを配置する[ブラシ]、グラデーションマスクを配置する[線形グラデーション][円形グラデーション]、カラーや輝度の近似値を読み込んでマスクを作成する[カラー範囲][輝度範囲]、深度マップ付きの画像を調整する[奥行き範囲]と[人物]があります 01 〜 16 。

各マスクごとに、基本補正とカラー系とディテール系のパラメーターで調整を行い、[反転]にチェックでマスクの反転調整が行えます。[円形グラデーション]の[ぼかし]はマスクの内側の縁の調整とリンクし、[カラー範囲]の[除外]は範囲設定で、[輝度範囲][奥行き範囲]にある範囲設定は、各マップ表示にチェックを入れて調整範囲を確認できます。太枠(選択した範囲)は枠の両端で調整ができ、スライダー(減衰)でグラデーショントーン設定を行えます。

マスクパネル

マスクを選択するとマスクパネルが表示される

「被写体を選択」を選択

各マスクごとにオプションが表示される

調整を行うとマスクオーバーレイは非表示となり、表示したい場合は[オーバーレイを表示]にチェックを入れる。また、オーバーレイのカラーや濃度はカラーピッカーから設定変更できる

パネル左上の≫でパネルの縮小表示が行える

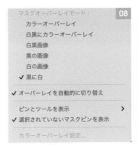

マスクオーバーレイやピンの表示
などは∵で編集を行える

［黒に白］を選択した場合

マスクアイコンにある∵は
名前の変更や反転が行える

◉で効果の表示非表示が設定できる。
全体はマスクパネル左上のスイッチ

マスクパネルはドラッグしながら移動させる
ことで、右パネルなどに移動させられる

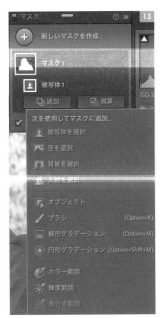

［追加］［減算］は別のマスクなどで
追加や削除が行える

［追加］［減算］を使用すると
マスク内に配置される

［新しいマスクを作成］をクリックして別のマスクを配置できる

［被写体を選択］、［空］、［背景］、［人物］

　［被写体を選択］［空］［背景］［人物］は特定部分の選択で、［被写体を選択］と［背景］は、ほぼ反転の状態ですが、髪の毛や葉の抜け部分に違いが出る場合があります。［人物］は画像内のある程度認識できる複数の人物を個別に調整できるもので、その人物の髪の毛や肌などの部分的な調整も行えます。人物画像の場合は、［被写体を選択］と［人物］の［人物全体］では、同じような調整範囲となりますが、［人物］の［人物全体］のほうがエッジが曖昧になります。これらのマスクは各々特性があり、画像の状況などによって［ブラシ］などで［追加］や［減算］をしなければならないこともあるので、比較して、後の調整をしやすい選択をしてください 01 ～ 16 。

元画像

［被写体を選択］人物に限らず被写体となる部分を選択

［空］空の部分を選択

［背景］［被写体を選択］の反転とほぼ同様

2人以上の場合［被写体を選択］では全員に対して選択

［人物］では個別に選択できる

[人物]のマスクオプションで、
髪の毛や肌などを選択できる

[顔の肌]と[体の肌]のみを
選択した状態

マスクオプションで選択した項目は[マスクを
作成]をクリックすると1つのマスクにまとまる
が、[別のマスクを作成]にチェックを入れるこ
とで、別のマスクにできる

マスクオーバーレイを[黒に
白]とした[被写体を選択]

マスクオーバーレイを[黒
に白]とした[人物]

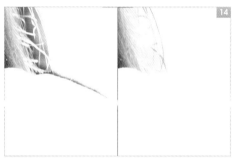

[人物](左)、[被写体を選択](右)。
[人物]のほうがエッジが曖昧になる

[空]を選択すると建物の上部にマスクがかかっているが、調整を行うと、空の反射や窓への映りなどが
反映されるのでそのままとした。違和感がある場合は[減算]のブラシで消去する

［オブジェクト］と［ブラシ］

［オブジェクト］は■（ブラシ選択）もしくは■（長方形選択）で選択された範囲の被写体に合わせたマスクを作成するもので、［被写体を選択］では選択されてしまう部分を避けて部分的なマスクを作成できます。マスクのエッジは［被写体を選択］より少し甘くなります。

［ブラシ］はLightroom初期からあるマスクで以前は、ブラシで空や被写体などにマスクを作成していました。現状ではそのような大まかなマスクは別機能で作成できるようになりましたが、それらでは作成しにくい部分やエッジの調整などに使用します。

パラメーター構成は、ブラシに［A］［B］［消去］があり、［A］と［B］は設定の異なるブラシの切り替えです。

［流量］は一度の調整で配置できる量で、［密度］は不透明度の設定です。両方を100とすると、一度の配置で濃度100％のマスクとなり、［流量：50］［密度：100］で塗り重ねることで100％、［流量：50］［密度：50］では塗り重ねて最大50％のマスクになります。

［自動マスク］はエッジの検出で、大まかにマスクを配置してから［自動マスク］にチェックを入れてエッジ部分の調整を行うことでスムーズなマスクの配置が行えます 01 ～ 25 。

［被写体を選択］では被写体ではない部分も選択されてしまう場合がある

［オブジェクト］の［ブラシ選択］モードで選択する

奥の髪の毛に選択漏れがあるが、人物のみにマスクを作成できる

モードには［ブラシ選択］と［長方形選択］がある

［長方形選択］は被写体を囲うように配置する

奥の目の部分が選択漏れとなるが、ほぼ［ブラシ選択］と同様となる

部分的なマスク配置も行える

［オブジェクト］で選択し、［反転］して
背景の露光量を上げた状態

［被写体を選択］（左）、［人物］の［人物全体］（右）

拡大表示した［被写体を選択］（左）、
［オブジェクト］（右）

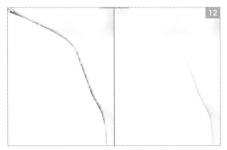

拡大表示した［人物］の［人物全体］（左）、
「オブジェクト］（右）

［被写体を選択］では選択しきれない画像

［オブジェクト］で船体側を選択

［追加］で［オブジェクト］を選択

マスト部分を選択

ブラシによる微調整は必要となるが、
ある程度は選択される

Chapter 4

[ブラシ]の[ぼかし:40]で上から
[流量:100、密度:100、自動マスク
オン][流量:100、密度:100、自動
マスクオフ][流量:100、密度:50、
自動マスクオフ][流量:50、密度:
100、自動マスクオフ、右側を塗り
重ね]

[自動マスク]オフで大まかに塗りつぶす

[自動マスク]にチェックを入れて
細かな部分を調整

調整を行い、漏れなどを確認する

はみ出した部分は[消去]で調整

2つの「グラデーション」

　グラデーションマスクには[線形グラデーション]と[円形グ
ラデーション]があり、いずれも起点から終点に向けてグラデー
ショントーンマスクを配置でき、[円形グラデーション]のマスク
オプションに[ぼかし]パラメーターがあり、グラデーション配
置後にトーン調整を行えます 01 ～ 10 。

[線形グラデーション]を上から下に向けて配置

マスクオプションで調整

調整結果

[円形グラデーション]をドラッグ
しながら広げるように配置

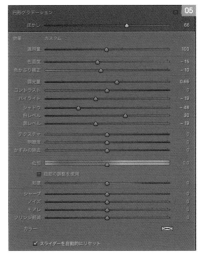

マスクオプションで調整

調整結果

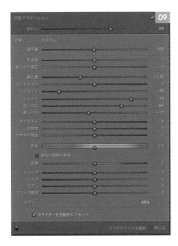

[新しいマスクを作成]で[円
形グラデーション]を追加し
て別調整を行う

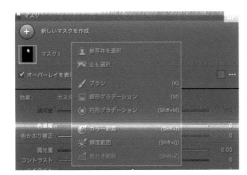

内側の楕円との距離でぼかしの調整を行う

Chapter 4

3つの「範囲」

範囲マスクには［カラー範囲］［輝度範囲］［奥行き範囲］があります。［カラー範囲］は特定カラーの選択、［輝度範囲］は明度差を指定し、［奥行き範囲］は奥行きマップ付きの画像に対して調整を行えます 01 〜 22 。

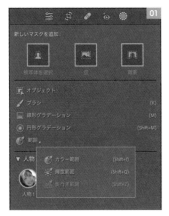

［範囲］には［カラー範囲］［輝度範囲］［奥行き範囲］がある

［カラー範囲］のスポイトでカラーを選択

選択された状態

「オーバーレイカラー」はカラーピッカーから選択できる

［除外］パラメーターで調整範囲を設定

調整結果

［輝度範囲］のスポイトで調整したい輝度を選択する

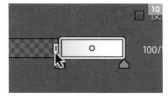

［輝度範囲］パラメーターで調整する。太枠が範囲で、両端で範囲設定ができ、スライダーがグラデーショントーンの調整

グラデーショントーン範囲を
広げた状態

調整結果

マスク範囲を確認するには［オーバーレイを表示］か［輝度マップを表示］に
チェックを入れる

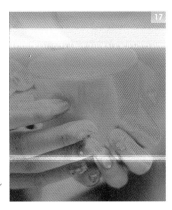

輝度マップ表示。モノトーン
部分は調整されない

［深度マップを表示］にチェックを入れる

［奥行き範囲］を設定。［輝度範囲］と
同様の調整範囲設定を行う

深度マップ表示

Chapter 4

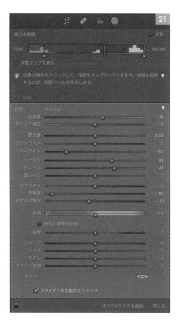

調整結果

マスクオプションで調整

マスクを掛け合わせる

マスクは［新しいマスクを作成］で掛け合わせを行え、マスクアイコンをクリックして［追加］［減算］でそ　のマスクに対しての追加や削除が行えます 01 ～ 19 。

［背景を選択］でマスクを作成

マスクの漏れなどを確認

［追加］で［ブラシ］を選択し、［自動マスク］にチェックを入れる

マスクを追加する

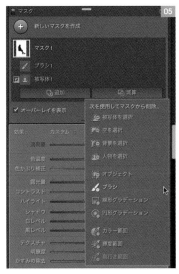

[減算]で[ブラシ]を選択する

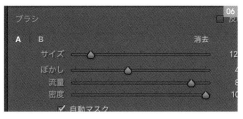

マスクの消去を行う場合も[減算]とした場合は通常[A]のブラシを使用する

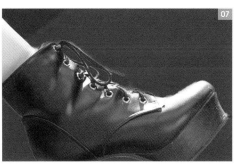

被写体にかかってしまったマスクを削除する

[空]でマスクを作成し、調整を行う

[減算]で[線形グラデーション]を選択する

調整結果

Chapter 4

元画像

[円形グラデーション]で調整

[新しいマスクを作成]から
[カラー範囲]を選択する

[除外]パラメーターで範囲を設定し、
調整する

[新しいマスクを作成]から[輝度
範囲]を選択し、輝度範囲]パラ
メーターで範囲を設定する

マスクオプションのパラメーターで
調整を行う

調整結果

Part 4

ツールストリップの他の機能

ツールストリップには、マスクツール以外にも4つのツールがあります。その中でもよく使うのが「切り抜き」ツールと「修復」ツールです。頻繁に使用する機能なので覚えてきましょう。

「切り抜き」ツール

ツールストリップにある（切り抜き）は画像のトリミング設定や回転調整を行うもので、[変形]などの他パラメーターとの併用が可能です。[縦横比]にはプルダウンから比率設定が行え、数値入力で設定することもできます。ロックを外すことで自由比率とな

り、バウンディングボックスの四角四辺で調整を行えます。[角度]はスライダー、もしくはバウンディングボックス周辺を回転カーソルで調整します。[画像に固定]は変形パネルの[切り抜きを制限]と同じものです 01 ～ 10 。

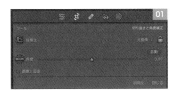
切り抜きパネル

プルダウンから縦横比設定を行える

「縦横比を入力」ダイアログで比率の設定が行える

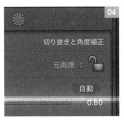
ロックを解除して自由比率にできる

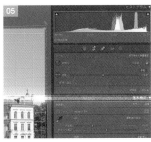
回転調整時はグリッド表示になり、パラメーターにも反映される

ツルオバレイを設定

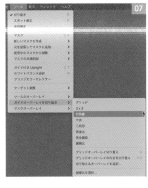
メニューバーのツールメニュー→"ガイドオーバーレイを切り抜き"でガイド表示を切り替えられる

グリッド

対角線

黄金螺旋

Chapter 4

095

「修復」ツール

（修復）はセンサーに乗ったゴミや、画像内の不要な部分をブラシを利用して消去するものです。ブラシのモードは［コンテンツに応じた削除］［修復］［コピースタンプ］の3つがあります。［コンテンツに応じた削除］は2022年10月のアップデートで新たに追加されました。

　［修復］と［コピースタンプ］は、ブラシを画像内のゴミなどに合わせてクリックして配置すると、自動でソースを採取してブラシ部分に配置します。［コピースタンプ］はソースをそのままブラシ部分に配置するもの、［修復］はブラシ部分にソースのトーンを合わせるもので、ソース位置はドラッグしながら移動させられます。

　［コンテンツに応じた削除］はブラシの周辺の画像状況に合わせて複数箇所からソースを採取するのでソースポイントは存在しませんが、一度ブラシを配置してから、⌘〔Ctrl〕キーを押しながらソースを指定することはできます。ただし、［コピースタンプ］のように

ソースをそのまま使用するものではないので、ソースを変更したい場合は［更新］をクリックします。通常のゴミ消去には、ソースの濃度をブラシ部分に合わせる［修復］や［コンテンツに応じた削除］を使用したほうがよいのですが、エッジにかかるなどする場合は［コンテンツに応じた削除］を使用してください。複数の電線のような状況を消去する場合、［コンテンツに応じた削除］では電線をランダムに配置するような結果になる場合があるので、各々のブラシの特性に合わせて使用してください。ライン状の修復は、一度ソース位置を設定してからshiftキーを押しながら終点位置をクリックすることで行えます 01 〜 25 。

　配置したブラシはアイコンをクリックしてアクティブにしてdelete〔Delete〕キーを押すことで消去でき、複数を消去したい場合はoption〔Alt〕キーを押しながら消去範囲を指定し、全消去はパネル下の［初期化］で行います 26 〜 28 。

修復パネル

［コンテンツに応じた削除］をドラッグしながら配置

自動で形状を作成する

［修復］や［コピースタンプ］の組み合わせで本来の建物のない状態にしていくことはできるが、細かな作業となる

［修復］や［コンテンツに応じた削除］はブラシにソースのトーンを合わせる

［コピースタンプ］はソースをブラシに移動させる

センサーのゴミなどは［スポットを可視化］にチェックを入れ、スライダーで調整するとわかりやすくなる

「スポットを可視化」の状態

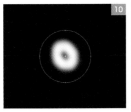  

ブラシサイズを合わせてクリックすることで消去される

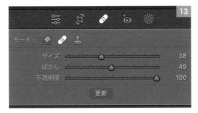 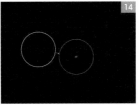

一度配置したブラシをアクティブにして、パネルのモードを変更すると、
ブラシも変更される

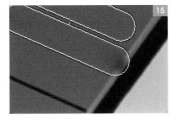 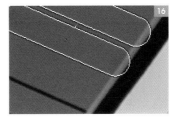 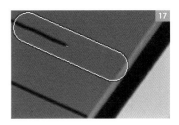

消去部分がエッジにかかっている場合
[修復]ではソースが合わないと両端
が乱れる

ソース位置を移動させることで乱れは
解消される

[コンテンツに応じた削除]ではエッジ部分
もや修復してくれるが、マスク内にコンテンツ
として残してしまう場合もある

[コンテンツに応じた削除]のブラシで人物を選択する

[更新]をクリックすることで、修
復パターンを変更できる

複雑な画像の場合、すべてが
状況に合うわけではないの
で、追加でブラシを配置する

[更新]は前に戻したい場
合は、⌘[Ctrl]+Zキーで
戻すことができる

全体表示に切り替えて、画
像を確認する

Chapter 4

全体表示に切り替えて、画像を確認する

ブラシのアイコンはモード
ごとになる

option〔Alt〕キーを押しなが
ら消去範囲を囲うことで、範
囲内のブラシは消去される

直線部分は一度、始点にブラシを配置してから（[修復]の場合は
ソースが合わない場合は移動させる）shiftキーを押しながら終点位
置でクリックする

「赤目修正」ツール

赤目補正ツールは、暗いところでストロボなどで撮影した場合に、網膜の赤色の反射を補正するものです。画像内の赤色を認識してブラシを合わせてクリックすると自動で黒に補正を行い、[瞳の大きさ]と[暗くする量]パラメーターで調整します 01 〜 04 。

[ペットアイ]は黒と白のコントラストを認識するも

ので、[キャッチライトを追加]にチェックを入れることで、キャッチライトを入れることができます 05 〜 09 。

両方とも認識用ブラシは、ドラッグしながら目の範囲を覆うように中央から広げて配置し、配置されたブラシは周辺をドラッグで拡大縮小や変形ができ、内側をドラッグで移動させることができます。

赤目補正パネル

赤目

瞳周辺にドラッグしながら大きさを合わせて配置する。形状や範囲
はブラシ周辺で調整し、パラメーターで明るさなどの調整を行う

ペットアイパネル

赤目補正同様瞳周辺にブラシを配置して、調整する。キャッチライトは
個別に移動などが行える

ペットアイを利用して、キャッチライトを
入れることができる

12

現像モジュールの左パネル

現像モジュールの左パネル（P.17参照）には、「ナビゲーター」「プリセット」「スナップショット」「ヒストリー」といったパネルが用意されています。これらを上手に利用すれば、右パネルでの調整を効率的にこなせるようになります。

ナビゲーターパネル

ナビゲーターパネルは［全体］と［フル］［100％］、プルダウンからの設定と並んでいます。画像内で🔍による拡大で、［100％］もしくはプルダウンによる設定サイズで表示され、✋（手のひらツール）で［全体］もしくは［フル］の設定になります 01 〜 03 。

全体表示

［フル］に変更すると表示枠が配置され、パネル内をドラッグすると移動できる

プルダウンから拡大率を設定する

ツールバー下の 🔽（ツールバーのコンテンツを選択）をクリックし、［ズーム］の設定範囲内からプルダウンにない拡大表示ができますが、100の倍数もしくは100を割り切れる数値にしないとモアレの原因となるので、あまりおすすめしません（［66％］や全体表示などでモアレが見える場合は、［50％］［100％］で表示させて確認しましょう）。

拡大表示した場合、ナビゲーターパネル内に表示部分が白枠で配置されるので、ドラッグして表示領域を移動させることができます 04 、 05 。

✋で［全体］もしくは［フル］に変更される

🔍で［100％］もしくは設置された拡大率に変更される

基礎知識編 • 現像モジュールを使いこなす

Chapter 4

099

プリセットパネル

　プリセットパネルには複数のプリセットがあり、アップデートによって追加されていくので、複数のパターンが存在します。元々あったものが、基本的に「基本補正」のカラープロファイルを変更させるもので、プロファイル変更しないものなどが追加されたので、プリセットを変更すると、プロファイルを変更するもの

と、前のプロファイルを維持するものがあります。
　例えば［スタイル：白黒］とすると、プロファイルは［Adobeモノクロ］となります。［スタイル：シネマ］とした場合、モノクロのプリセット調整となりますが、［スタイル：未来的］とすると、プロファイルが変更されるためカラー調整に変更されます 01 ～ 04 。

プリセットパネル

展開してカーソルを合わせることで
変更が確認できる

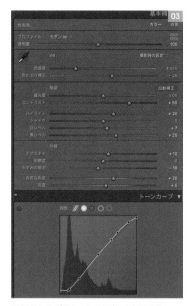

選択されたプリセットの調整が確認でき、
再調整が可能

プリセットで変更された調整

プリセットごとにパラメーターの設定が異なり、プロファイルを含めてすべてのパラメーター再調整が可能となっています。[初期設定] は設定がリセットされ、プロファイルと、「レンズ補正」と「ディテール」「カーブ」以下は各パネルのみの調整となっているので、パネル以外の設定は維持されます。また、プリセット横の ✚ で、調整設定をプリセットとして保存しておくことなどができます 05 ～ 08 。

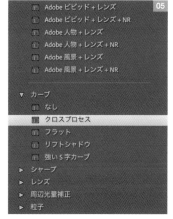

「カーブ」などパネルのみの設定は、他パラメーターを維持します

トーンカーブのみを変更した状態

✚ でプリセットの保存などが行える

スナップショットパネルとヒストリーパネル

ヒストリーパネルは、調整履歴が保存されるもので調整を戻すことができますが、戻した後はそこからの調整となります 01 、02 。

ヒストリーパネルは履歴を保存できる

履歴を戻すことはできるが、調整を行うとその位置からの調整となる

元に戻したい場合は、メニューの［編集］→［取り消す］もしくは［やり直し］で変更できますが、微調整を繰り返したり、パネルを切り替えて設定を行うと、どの段階に戻したいかがわかりにくくなってしまいます。また、画面を見続けて調整を行っていくと、目が順応してしまい、強めの調整になってしまう場合がありま

す。設定を戻したり、いったん完成と思われる時点で、設定を保存できる「スナップショット」をとっておくと便利です。

スナップショットは右の＋でダイアログが表示され、デフォルトで日時が名称となり、［作成］で保存されます 03 、 04 。

スナップショットの＋でダイアログが
表示される

「スナップショット名」は変更が可能

最新のスナップショットが下に配置され、スナップショットの切り替えはヒストリーに適用されるので、［補正前と補正後のビューを切り替え］などで見比べることができます。また、不要なスナップショットは－で消去できます 05 ～ 07 。

最新のスナップショットは下に配置される

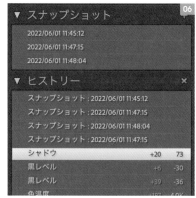

スナップショットとヒストリーで見比べる
などができる

13

ツールバーとフィルムストリップ

画面下にあるツールバーとフィルムストリップには、左パネルと同様、右パネルでの調整作業を効率的に行うための機能が用意されています。なお、このツールバーとフィルムストリップはライブラリモジュールでも表示されます。

ツールバーのパネルオプション

画像表示領域の下にあるツールバー右の▼から表示選択を行えます。

[ルーペ表示]、別の画像を参考にするための[参照ビュー]、同一画像の調整状態を確認する[補正前と補正後のビューを切り替え]の順に並び、[フラグ付け]や[レーティング]などはライブラリモジュール同様に行え、ライブラリから変更もできます 01 ～ 11 。

[グリッドを表示]は[常にオン]で常時表示され、

[自動]で変形パラメーター使用時に表示されます 12 、 13 。

[ソフト校正]はチェックを入れると背景色が白になり、ヒストグラムの警告が、モニター色域外警告と校正色域外警告になります。校正設定のプロファイルで、「sRGB」などに変更できるので、Webなどに展開させる場合は、モニターでの色域外がないかなどを確認できます 13 ～ 16 。

パネルの下側には、ツールバーやフィルムストリップなど、
補助機能が配置されている

ツールバー下の▼（ツールバーのコンテンツを選択）から
表示選択を行う

参照ビュー。アイコンをクリックして
縦横表示を切り替えられる

参照（左）側にフィルムストリップからドラッグ＆ドロップする

Chapter 4

右側はフィルムストリップで選択された画像になる　　拡大率は別設定できる。肌の色など参照用画像と
　　　　　　　　　　　　　　　　　　　　　　　　　見比べながら調整が行える

補正前と補正後のビューを切り替えアイコンと入れ替えアイコン

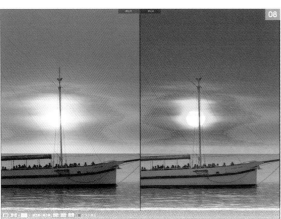

アイコンをクリックして比較法を
変更できる

補正前と補正後の切り替えや
入れ替えが行える

分割表示状態

[グリッドを表示]のプルダウンで
表示状態、スライダーでサイズ変更
が行える

［常にオン］とした場合、⌘〔Ctrl〕でオプションが表示
でき、グリッドの濃度などが変更できる

［ソフト校正］にチェックを入れると白背景になる

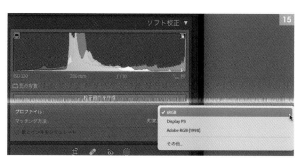

ヒストグラムが変更され、モニター色域外警告と
印刷用の校正色域外警告になる

青がモニター、赤が校正

Chapter 4

フィルムストリップ

　フィルムストリップはライブラリモジュールにもあり、現像モジュールとリンクして使用できるものです。現像モジュールでは、ライブラリモジュールの左パネル下の[読み込み][書き出し]が[コピー][ペースト]となり、調整設定をコピーして、他の画像にペーストすることができます。

　[ペースト]は1枚の画像に対して行うものです。連続した画像にペーストしたい場合は、shiftを押しながらフィルムストリップ上で選択し、連続選択したときに右パネルの[前の設定]から名称変更される[同期]で調整します。[同期]のスイッチで[自動同期]としておくと、[コピー]して、連続選択した画像に[ペースト]で選択されたすべての画像に同期させることができます 17 ～ 21 。

左パネルの[コピー]で設定を
コピーできる

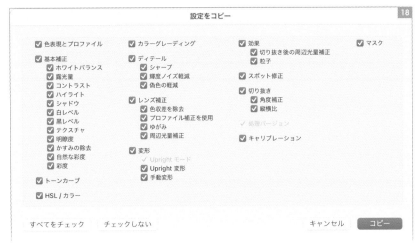

「設定をコピー」ダイアログ

連続した画像をshiftを押しながら選択する

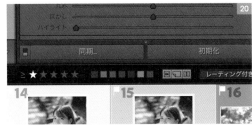

右パネルの[前の設定]が[同期]に変更される

スイッチで[自動同期]に変更される。連続選択に
[ペースト]でもすべてに同期される

フィルムストリップの左上には、パネルアクションと画像情報があります。「パネル1」アイコンはメインウィンドウの表示設定で、「パネル2」アイコンはクリックすることでサブウィンドウが表示され、グリッド表示やルーペ表示などが行えます  〜 24 。

メインウィンドウ、サブウィンドウの設定と、ライブラリへの切り替え、モジュールの切り替え、画像情報の順に並んでいる

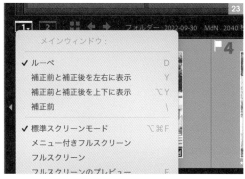

メインウィンドウは「パネル1」のアイコンをクリックして表示設定を行う

サブウィンドウは「パネル2」のアイコンをクリックすると表示される

フィルムストリップの右上にはライブラリモジュールのライブラリフィルターと同様のフィルタリングがあり、[フラグ付け]や[レーティング]などによる画像の絞り込みが行えます 25 、 26 。

フィルムストリップを右クリック（⌘〔Ctrl〕＋クリック）でメニューが表示できます。基本的な構成は写真メニューと同様ですが、[書き出し]はファイルメニューにあり、フィルムストリップからの操作のほうが使用感はよいと思われます 27 。

パノラマを目的として撮影された連続写真は、shiftで選択して[写真を結合]の[パノラマ]でパノラマ調整が行え、画像はフィルムストリップに配置され、再調整などが行えます 28 、 29 。

なお、メニュー設定はモジュールごとに異なります 30 、 31 。

フィルムストリップ右上のフィルタリング

ライブラリモジュールのライブラリフィルターと同様のフィルタリングが行える

Chapter 4

107

フィルムストリップを右クリックすると
メニューが表示できる

［写真を結合］→［パノラマ］でパノラマ設定が行える

「パノラマ結合プレビュー」
ダイアログで設定する

「パノラマ結合プレビュー」ダイアログで［結合］を
クリックすると、フィルムストリップに配置される

完成したパノラマ画像

Memo

下パネルの各項目は、画面最上部の「写真」メニューからも選択できます。ただしメニューの内容はモジュールごとに異なります。

ライブラリモジュールの写真メニュー

現像モジュールの写真メニュー

Part 4

他のモジュール

Lightroom Classicには、ライブラリモジュールと現像モジュール以外にも複数のモジュールが実装されており、これらは古いバージョンの頃から存在しています。最近ではこれらのモジュールに相当する便利なサービスが世間に数多く存在しますが、ライブラリモジュールで管理している画像を直接扱えるので、その意味では今でも便利な機能だといえます。

Chapter 5

01

プリントモジュール

思い通りにきれいに仕上げた写真は、展示目的などでプリントする機会が多くあると思います。プリントには他のソフトウェアを使用する方法もありますが、このプリントモジュールで出力するのもよいでしょう。

プリント設定を行うモジュール

「プリント」モジュールは、プリンターのプリント設定をもとにして、レイアウトや面付けなどを行えるものです  01 。

[単一画像/コンタクトシート]でコンタクトシートの作成、[ピクチャパッケージ]で同一画像の配置、[カスタムパッケージ]でレイアウトされた画像の配置などが行えます。プリント枚数などは、[プリンター]をクリックして設定します 02 ～ 09 。

「プリント」モジュール

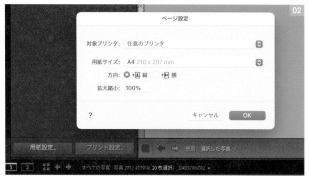

レイアウトなどは[用紙設定]の設定に合わせる

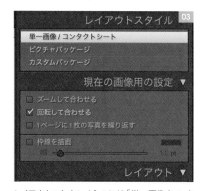

レイアウトスタイルパネルには[単一画像/コンタクトシート]、同一画像を複数配置できる[ピクチャパッケージ]、別の画像でレイアウトできる[カスタムパッケージ]がある

レイアウトパネルの［ページグリッド］で行と列の枚数を設定できる

［ピクチャパッケージ］では縦横比などを変更した
同一画像を配置できる。重ね合わせることもできる
が、画面右上にアラートが表示される

［カスタムパッケージ］では縦横比は変更せず、別
の画像をレイアウトできる。重ね合わせが可能で、
メニューで前面背面設定が行える

プリントジョブパネルで出力設定ができる

［ファイルへ出力］で保存設定ができる

02

マップモジュール（ブックモジュール）

位置情報を含んだ画像は、「どこで撮影したのか」をこのマップモ
ジュールで地図上に表示することができます。位置情報を含める機
能のないカメラで撮影する場合は、撮影の前後でスマートフォンで
も撮影して一緒に管理しておくと、マップ管理をしやすくなります。

位置情報を管理するマップモジュール

　「マップ」モジュールは、位置情報付きの画像を
Googleマップ上にパドルで表示させるもので、マッ
プ内で画像の確認が行えます。また、位置情報がな

い画像も、フィルムストリップからマップ上にドラッグ
&ドロップすることで、マップに配置できます 01 ～
05 。

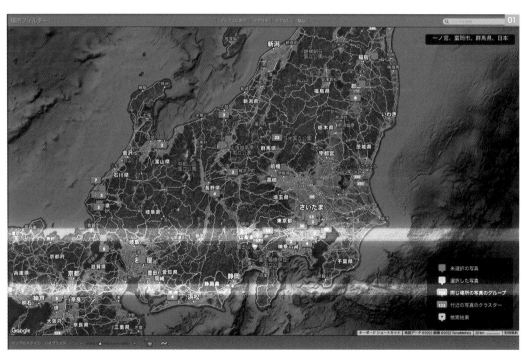

「マップ」モジュール

位置情報付き画像がパドルで表示される

ツールバーからマップのスタイルを変更できる

（side）Part 1

112

同一場所の画像はマップの大きさに合わせて枚数表示がされ、サムネイルで確認できる

画像情報がない画像の場合でも、撮影場所がわかっていれば、フィルムストリップからドラッグ＆ドロップで配置できる

Column ▶ ブックモジュール

　このChapterで紹介している4つのモジュール以外に、「ブック」というモジュールもあります。このブックモジュールではフォトブック作成用のモジュールで、「Blurbフォトブック」が基準となっています。この「Blurbフォトブック」のWebページに移動するので、仕上がりの内容は「ブック設定」の「見積もり価格」の詳細設定で確認してください。PDFやJPEGへの書き出しも行えるので、サイズなどを合わせて、他のフォトブックサイトでも使用できます。

ブックモジュールの画面

LIGHTROOM CC + BLURB: HOW IT WORKS

ブック設定パネルの［詳細情報...］をクリックすると、「blurb」のWebページが表示される

03

スライドショーモジュール

最近のPCやその他のデバイスは、家庭のテレビなどの大きなモニターに簡単に接続できるようになっていますが、プリントすることなくスライドショー的に鑑賞したい場合には、このスライドショーモジュールは便利です。

写真の画面再生を行うスライドショーモジュール

「スライドショー」モジュールは、簡易的なスライドショーを作成するもので、展開やエフェクトなどはあまりありません。複雑な操作はないので、スライドショームービー作成の導入として作成してみましょう 01 〜 09 。

「スライドショー」モジュール

「ライブラリ」モジュールでは、左パネル下で［読み込み］［書き出し］の表示だった箇所が、「スライドショー」モジュールでは［PDFで書き出し］［ビデオを書き出し］に変更され、使用する画像の選択方法を変更できる

テキストはツールバーの ABC に直接入力する

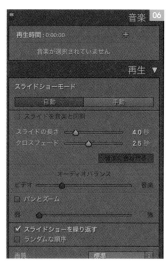

「スライドショー」モジュールの編集パネルでは、画像のレイアウトや編集用ガイドの設定、背景用画像の設定、音楽の設定などが行える

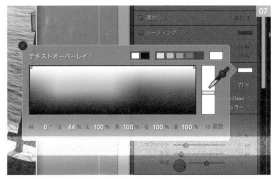

カラー設定は、彩度スライダーを上に移動させることで、カラーが表示される

バウンディングボックスで位置を移動でき、アンカーからの位置で固定される

左パネル下の[プレビュー]をクリックするとパネル内、[再生]をクリックすると全画面で再生される

04

Webモジュール

このWebモジュールは、Web用のギャラリーの作成を行うものです。今ではSNSにアップするのが普通になっていますが、あえてこだわりのギャラリーをアップしたい場合はこの機能を使って作成し、ご自身のWebサイトなどにリンクさせても楽しいでしょう。

Webモジュールで簡単なWebギャラリーを作成する

右パネルの「レイアウトスタイル」が4パターンあり、各々左パネルの「テンプレートブラウザー」にリンクします。右パネルの「サイト情報」「カラーパレット」「体裁設定」はギャラリーごとに設定内容が変化し、変更した設定はテンプレートブラウザーパネルにある➕をクリックすることで、[ユーザーテンプレート]に保存できます 01 ～ 03 。

表示はグリッド表示と、選択した画像をクリックすると1枚表示になり、[クラシックギャラリー]のみ、表示スタイルや拡大率が異なります 04 ～ 10 。

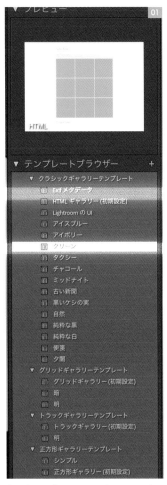

右パネルの「レイアウトスタイル」は、左パネルの「テンプレートブラウザー」とリンクし、テンプレートパターンはプレビューパネルで確認できる

パネルはレイアウトスタイルごとに変更される

[クラシックギャラリー]は右パネルの「体裁設定」でグリッド比率を変更できる

Part 1

116

［クラシックギャラリー］のグリッド表示

［グリッドギャラリー］のグリッド表示

［トラックギャラリー］のグリッド表示

［正方形ギャラリー］のグリッド表示

［クラシックギャラリー］の1枚表示

［クラシックギャラリー］以外の1枚表示スタイル

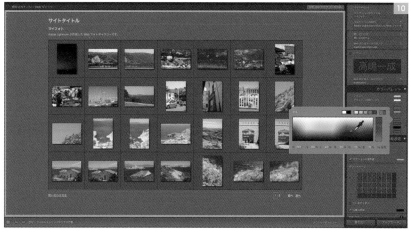

配色パターンなどを変更した場合は、テンプレートブラウザーパネルから保存できる

Part2
実践編

ケーススタディ
［基本レベル］

ここからは実践編です。Lightroom Classicで処理したいニーズのよくある例を、ステップ バイ ステップで解説していきます。このChapterは［基本レベル］としていますが、しかしセオリーに基づいた正に実践的な手法、内容を紹介しています。Chapter 5までに紹介しきれなかったTipsも交えているので、目的に近い作例があったら、ぜひあなたの写真を仕上げる指針にしてみてください。

Chapter6

01

天候のイメージを変更する

After

天気の善し悪しは撮影段階では変える
ことができませんが、調整によってある
程度は変更できます。マスクのエッジ
部分の確認、調整をしながら「空」など
を使用して、より天気のイメージを作成
します。

Before

プロはこう考える

Step 1

まずはパースの調整と基本補正
を行います。

Step 2

ツールストリップのマスクツール
で[空]を選択。

Step 3

窓の写り込みも調整して、全体の
天候のイメージをより自然に。

Part 2

パース（垂直）の矯正、基本補正

·01·

レンズ補正パネルの［色収差を除去］［プロファイル補正を使用］にチェックを入れ 01 、プロファイルブラウザーで［Adobe標準］を選択します。
変形パネルを展開し、［切り抜きを制限］にチェックを入れて、［垂直方向］で建物が垂直になるように矯正します 02 、 03 。
スライダーにマウスポインターを合わせるとグリッドが表示され、画像表示領域下の［グリッドを表示：常にオン］とすることで常時表示され 04 、グリッドサイズは［グリッドを表示］下にあるスライダーで変更できます。

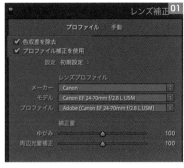

レンズ補正パネルの［色収差を除去］［プロファイル補正を使用］にチェックを入れる

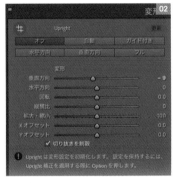

グリッドは［常にオン］としておくことで常時表示状態となる

·02·

基本補正パネルの［階調］で、全体の階調を調整します 05 、 06 。全体の調整が終了した段階で再調整を行うことができるので、ここでは空のトーンが見えるように調整を行います。RAWデータであれば、レンジ幅があるので、展開した状態では見えないハイライトやシャドウのゾーンは、情報が残っていれば再現することができます。

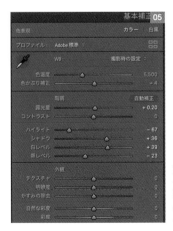

［基本補正］の［露光量：+0.20］［ハイライト：-67］［シャドウ：+36］［白レベル：+39］［黒レベル：-23］と調整

調整結果。雲のトーンがある程度見えるようになる

マスクツールで空を選択する

・01・

空に関しては、Photoshopで展開して[空を置き換え]で調整してからという方法もありますが 、Photoshopから戻すと、TIFF画像となってRAWデータのレンジ幅ではなくなってしまうので、Lightroomで調整を行った後に調整したほうがよいでしょう。

ここでは残っている雲の情報を元に青空を作成していきます。ツールストリップの■（マスク）をクリックして[新しいマスクを追加]→[空]を選択すると、空部分にマスクが配置されます 、。

書き出し後にPhotoshopの[空を置き換え]で空を配置したもの

ツールストリップのマスクから[空]を選択する

空部分にマスクが配置される

・02・

最初にマスクオプションの[露光量]を-2.00くらいまで下げて、[色温度]や[色相][カラー]などを調整して色の乗る部分を確認します。ここでは[色温度]をブルー側に調整し、[露光量]を再調整し、他のパラメーターで調整します 、05 。

調整結果

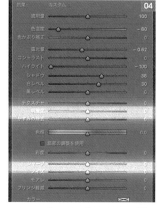

マスクオプションの[色温度:-80][露光量:-0.62][ハイライト:-100][シャドウ:38][白レベル:30]と調整

・03・

建物にかかっている「空」マスクを消去するために[減算]から[オブジェクト]を選択し、[長方形選択]モードで中央の建物の空にかかっている範囲を選択します 06 ～ 09 。木がかかっている右の建物は[ブラシ選択]モードに切り替えて、空との境界部分に配置します 10 ～ 12 。右の壁に残っている部分は、[減算]から[ブラシ]を選択し、[自動マスク]のチェックを外して消去します 13 ～ 16 。

[減算]から[オブジェクト]を選択する

モードを[長方形選択]とする

中央の建物を選択する

建物にかかったマスクが消去される

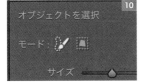

モードを[ブラシ選択]とする

空との境界部分にブラシを配置する

調整結果

マスクが残っている部分

[消去]からブラシ
を選択する

[自動マスク]のチェックを外し、[濃度:100]
[密度:100]として消去する

マスクと調整マスク

建物手前のグリーンなどの調整

01

Lightroomでは影などを付ける調整はできないので、晴れの薄日が手前のグリーンなどに当たっているように調整します。マスクパネルの[新しいマスクを作成]をクリックし、[線形グラデーション]を選択します。

画像表示領域で下から上に向けてグラデーションマスクを配置し、コントラストを強めに調整します 01 ～ 04 。

[新しいマスクを作成]から[線形グラデーション]を選択する

下から上に向けて配置する

Chapter 6

123

調整結果

マスクオプションの［コントラスト：64］
［ハイライト：78］［白レベル：62］と調整

配置された線形グラデーション
は、中央をドラッグしながら移動
でき、外側でグラデーション幅の
調整、回転アイコンの出る位置で
回転が行えます 05 、 06 。

中央をドラッグしながら移動、
外側のラインでグラデーション
幅の調整を行える

調整状態を確認しながら、位置を再調整する

·02·

［新しいマスクを作成］で［オブジェクト］を選
択し、右側の木にマスクを配置します
07 、 08 。葉の間やエッジを確認するため
に、いったんマスクオプションの［露光景］を
上げ、［減算］から［ブラシ］を選択し、［自動
マスク］にチェックを入れ、［流量］と［密度］を
「75」としてマスクの漏れを消去し、コントラス
トを強めに調整します 09 ～ 17 。左側の木
も同様に調整します 18 ～ 21 。

［新しいマスクを作成］から［オ
ブジェクト］を選択する

モードを［ブラシ選択］として木の部分に
配置する

マスクの漏れを見るために、マスクオプションで［露光量：2.75］とする

ナビゲーターで拡大表示する

Part 2

［減算］から［ブラシ］を選択する

［自動マスク］のチェックを入れ、［流量：75］［密度：75］として葉の周辺を消去する

消去した状態

マスクオプションの［露光量：0.74］［コントラスト：59］［ハイライト：24］［シャドウ：7］［白レベル：29］と調整

調整結果

［新しいマスクを作成］から［オブジェクト］を選択する

左の木も同様に調整

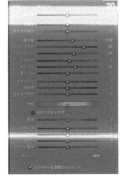

調整結果

マスクオプションの［コントラスト：59］［ハイライト：24］［シャドウ：7］［白レベル：29］と調整

窓の映り込み

・01・

青空の映りを窓に演出することで、より晴れている印象にすることができます。［新しいマスクを作成］から［カラー範囲］を選択し、スポイトで窓の部分をクリックします 01 、 02 。

［新しいマスクを作成］から［カラー範囲］を選択する

スポイトで窓部分を選択する

·02·

マスクオプションの［除外］で窓の部分のみとなるように調整し
03 、04 、窓以外のマスクは、［減算］から［ブラシ］を選択し 05 、
［流量］［密度］とも「100」として、［自動マスク］のチェックを外して
消去します 06 、07 。

［除外：1］とする

［減算］から［ブラシ］を選択する

［自動マスク］のチェックを外し、
［流量：100］［密度：100］として
消去する

·03·

マスクオプションの［色温度］をブルー側に調整して、
他パラメーターでバランスを調整します 08 、09 。
基本補正などを再調整する場合は調整してから、［ヒ
ストグラム］の▲をクリックしてアクティブにして警告
を表示します 10 。ハイライト警告が出るので 11 、カ
ラーグレーディングパネルにある［ハイライト］の［輝
度］パラメーターを警告がなくなるようにマイナス側
に調整します 12 。

マスクオプションの［色温度：
-48］［露光量：0.83］［コントラ
スト：20］［ハイライト：-51］［白
レベル：59］と調整

調整結果

［ヒストグラム］のクリッピング
をクリックする

ハイライト警告が表示される

カラーグレーディングパネルの
［ハイライト：L：-28］とする

02

異なるライトを補正して鮮やかな赤に

After

Before

〇〇〇〇〇〇〇〇〇〇〇〇〇〇〇〇〇〇〇〇（約
3,000K）など異なるライトで撮影された場
合、ホワイトバランスの取り方で全体のカ
ラーが変化します。日向と日陰の色温度の差
はカラーグレーディングパネルの［シャドウ］と
［ハイライト］のカラー設定で調整が可能で
すが、トーンが均一の場合は調整しにくくなり
ます。線形グラデーションを使用してカラー
を均一にして、トマトのカラーを調整します。

プロはこう考える

Step 1

あらかじめ不要な領域をトリミン
グで削除しておきます。

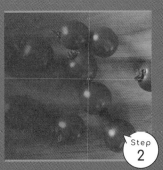

Step 2

マスクツールの［線形グラデー
ション］で色を整えます。

Step 3

基本補正パネルで、行き過ぎた
マスクでの調整を補正します。

Chapter

6

画像のトリミング

·01·

真上から撮影しているため、縦画像と認識されているので、フィルムストリップ上で[右回転]させます。レンズ補正パネルの[色収差を除去]と[プロファイル補正を使用]にチェックを入れます 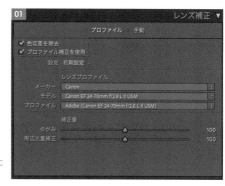。ヒストグラムパネルの▲をクリックし、飽和部分を確認します。

[色収差を除去]と[プロファイル補正を使用]に
チェックを入れる

プロファイルブラウザーパネルから、プロファイルごとのカラーの変化を確認して[Adobe標準]を選択します 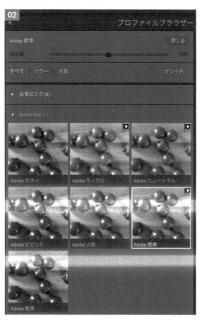。ツールストリップの (切り抜き)を選択し、画像表示領域内、もしくは角度の数値設定で回転調整をして、四辺四角をドラッグしてトリミングします 。

ツールストリップの
[切り抜き]を選択

プロファイルブラウザーパネルで[Adobe標準]を選択

角度調整とトリミング調整を行う

線形グラデーションで色温度を整える

·01·

ツールストリップの ■（マスク）から［線形グラデーション］を選択し 01、左から右に向けて、ブルー系のゾーンを覆うように配置します 02。画像右側とカラーを合わせるように、マスクオプションの［色温度］をアンバー側、［色かぶり補正］をグリーン側に調整します 03、04。配置されたグラデーションはドラッグしながら移動などの再調整ができるので、色のかかり具合を確認しながら移動させます 05、06。

ツールストリップの［マスク］から
［線形グラデーション］を選択

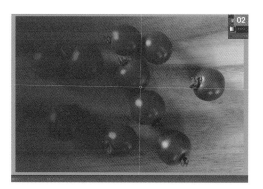

左から右に向けて配置する

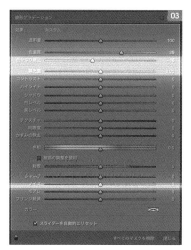

マスクオプションで［色温度：39］
［色かぶり補正：-15］に設定

調整結果

調整具合を見ながら、マスクを移動させる

調整結果

カラー調整

・01・

基本補正パネルの［色温度］をマスクの調整で乗りすぎたアンバーを調整するために、マイナス側（ブルー側）に調整します  。

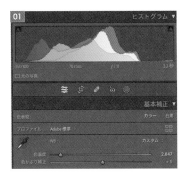

基本補正パネルで［色温度：2,847］に調整

［階調］でトーンを調整します。HSL/カラーパネルの（写真内をドラッグして色相を調整）でトマトの構成色を確認し、［レッド］と［オレンジ］のパラメーターを［色相］［彩度］［輝度］で各々調整します。この調整でベースの板のカラーも調整されるので、バランスを取りながら調整してください。

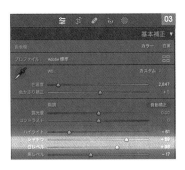

基木補正パネルの「階調」で「ハイライト：-61］［シャドウ：+59］［白レベル：+38］［黒レベル：-17］に調整

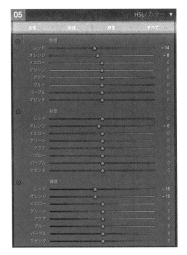

HSL/カラーパネルで［色相/レッド：-14、オレンジ：-8］［彩度/オレンジ：-6］［輝度/レッド：-15、オレンジ：-15］に調整

［修復］モードで修正

・01・

トマトに映り込んだ外光と室内光のライトを調整します。ツールストリップの🩹（スポット修正）の［ブラシ：修復］［不透明度：70］として **01**、室内光のライトの映り込み部分に配置します **02**。ソースは自動で採取されますが、できるだけハイライトなどがない別のトマトにソースを移動させます **03**。外光の反射や周辺の傷などを同様に調整し **04**、ブラシごとに［不透明度］や［ぼかし］を再調整します **05**。

ツールストリップの［スポット修正］で［ブラシ：修復］
［ぼかし：28］［不透明度：70］に設定

室内ライトの映り込み部分に
ブラシを配置

自動採取されたソースを移動させて調整する

外光のハイライト部分も調整する

全体のバランスを見て、ブラシごとの［ぼかし］
［不透明度］を変更

03

女性の肌の色を調整する

After

Before

2022年のアップデートで追加されたマスクツールの強力な機能「人物」は顔や肌をパーツに分けて調整することができます。この機能を利用して、顔や肌の調整を行いましょう。

プロはこう考える

Step 1

レンズ補正パネルと基本補正パネルで基礎的な補正を。

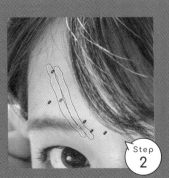

Step 2

修復ツールで肌を滑らかにします。

Step 3

ディテールパネルとマスクツールで、肌の質感をさらにきれいに。

基本的な補正

・01・

レンズ補正パネルの［色収差を除去］と［プロファイル補正を使用］にチェックを入れ 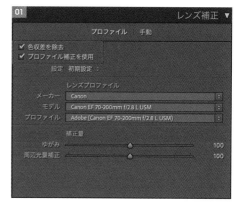、プロファイルを［Adobe標準］とします。ホワイトバランスを前の設定のまま撮影してしまったこの画像は、かなりアンバーになっています。このような場合、［参照ビュー］でホワイトバランスの設定された別の画像を参照するか 、そのような画像がない場合は、［WB］のプルダウンから［自動］を選択します 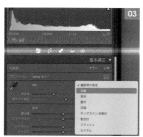。

ヒストグラムの山が左寄りになっているので、［露光量］などで明るめに調整し、ヒストグラムが平均的になるようにWBの［色温度］と［色かぶり補正］を再設定します 、 05 。そこから、［自動］での設定値とのバランスや画像の雰囲気に合わせて、さらに再設定します。

この画像の場合、元が［色温度：5,350］［色かぶり補正：+14］、［自動］では［色温度：4,350］［色かぶり補正：+11］、ヒストグラムを見ると［色温度：4,075］［色かぶり補正：+11］でした。これらを参考にして［色温度：4,244］［色かぶり補正：+14］と設定しました。ホワイトバランスの設定は画像の雰囲気を決定付けていくものなので、ニュートラルグレーなどでホワイトバランスの設定がされていても、様々なモジュールを利用して、最適な値を探しましょう。

レンズ補正パネルの［色収差を除去］と
［プロファイル補正を使用］にチェックを入れる

［参照ビュー］で比較して［WB］［色温度］［色かぶり補正］の調整を行う

参照する画像がない場合は、［WB］のプルダウンから［自動］を選択して結果を確認する

［自動］や［ヒストグラム］などを見ながら、設定値を決めていく。［色温度：4,244］［露光量：+0.60］［ハイライト：-47］［シャドウ：+63］［白レベル：+33］［黒レベル：-17］

［補正前と補正後のビューを切り替え］で調整の変化を確認する

［修復］による修復

·01·

画像をナビゲーターで拡大表示して確認し 01 、髪の毛やホクロなど（ホクロに関しては本人の確認が必要）不要な部分を修正します。ホクロなどは［コンテンツに応じた削除］モードで修正し 02 、03 、髪の毛などの［コンテンツに応じた削除］では修正しにくい部分は［修復］モードでソースを移動させながら作業します 04 ～ 07 。

ナビゲーターパネルで拡大表示する

ツールストリップから［修復］を選択する

［コンテンツに応じた削除］でホクロなどを消去する

［編集］に切り替えてから再度［修復］を開き、［修復］モードを選択する

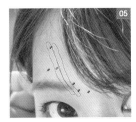
顔にかかっている髪の毛に合わせてストロークしながら少しずつ、ソースを移動させて修正する

修復された部分には各モードのアイコンが表示される

調整結果

·02·

唇の修正は、シワがすべてなくなってしまうと違和感が出るので、ナビゲーターパネルで拡大率を上げ 08 、［修復］モードで［不透明度］を「80」に設定し、ソース位置を適した位置に移動させます 09 ～ 11 。

唇を修正するために拡大率を変更する

［修復］モードで［不透明度：80］と設定

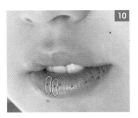
シワの深い部分を修正する

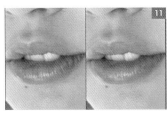
調整結果

03

背景にかかっている髪の毛は［コンテンツに応じた削除］もしくは［修復］モードで作業しますが、［修復］はソースを修正位置のトーンに合わせて修復できるので、この画像の状態では［修復］のほうが適しています。ただし、エッジにかかると荒れてしまうので、ソースをそのまま移動させる

［コピースタンプ］と併用しながら作業を行います 12 ～ 18。［コンテンツに応じた削除］では、元の画像と周辺の状況に合わせるため、［更新］で都合のよい状態を探す必要がありますが、髪の毛の中で跳ねている部分はこちらのほうが適しています。

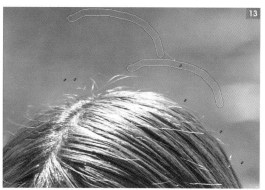

外側の髪の毛は一度配置してから［不透明度：100］に戻し、状態に合わせて［ぼかし］の値を変更しながら調整する

モードを切り替える時は、［編集］や［修復］をクリックしてから再度［修復］を選択する

部分に合わせて、モードを切り替える

調整結果

配置された修正ポイント

［補正前と補正後のビューを切り替え］で調整の変化を確認する。
［補正前と補正後のビューを切り替え］は調整前に▨で画像を入れ替えておく

Chapter 6

135

肌の質感の調整

·01·

ディテールパネルの［シャープ］はエッジのコントラストを上げてシャープ効果を与えるもので、［半径］［ディテール］でピクセルの範囲やコントラストを設定します。［マスク］はエッジを残してピクセルに対しての効果を弱くするもので、肌の質感を調整する場合などに使用します 01 〜 03 。マスクツールの［人物］は［人物全体］か［顔の肌］などパーツごとの調整を行えるものです 04 、 05 。ただし、人物全体を調整したい場合は［被写体を選択］か［オブジェクト］でマスクを作成したほうが周辺へのマスクのはみ出しが少なくなります。調整したいパーツにチェックを入れて（ここではすべて選択しているので［8個の別のマスクを作成］にチェックを入れて） 06 、［マスクを作成］で作成します。［別のマスクを作成］にチェックを入れない場合は、マスク内に調整マスクとして配置されるので、パーツに同一調整をかける場合はこちらを選択します。

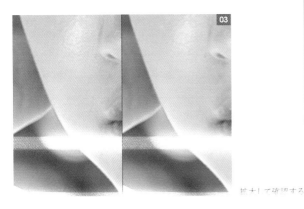
ディテールパネルの［シャープ］で［適用量：56］［半径：0.8］［ディテール：4］［マスク：48］と設定する

調整結果

被せして確認する

ツールストリップの［マスク］から［人物］を選択し、［人物マスクオプション］の［人物全体］以外のすべてにチェックを入れる

マスクが配置された部分

［8個の別のマスクを作成］にチェックを入れた状態

02 [マスク1]（顔の肌）を選択し、マスクオプションの[テクスチャ]で滑らかに見えるようにマイナス側に調整します 07 、 08 。[マスク6]（唇）は[マスク1]（顔の肌）より[テクスチャ]をマイナス側に大きく調整し、[明瞭度]をマイナス側に調整して薄めの色合いにします 09 、 10 。[マスク2]（体の肌）は[マスク1]（顔の肌）より[テクスチャ]をマイナス側に少なく調整します 11 、 12 。[人物]は個別の調整が行えますが、肌の調整では[露光量]など[階調]やカラーを変化させてしまうと違和感が出てしまいます。そのため、そのような

調整を行う場合は、[被写体を選択]や[オブジェクト]で選択するか、ピンポイントな部分の場合は[ブラシ]を使用しましょう。[マスク5]（虹彩と瞳孔）、[マスク6]（唇）、[マスク8]（髪）などのパーツは濃淡やカラー調整を行なっても違和感は出にくくなりますが、境界が曖昧になる部分があるため、[減算]や[追加]で[ブラシ]などによる調整が必要となります 13 ～ 15 。
最後に、ヒストグラムを確認してカラーグレーディングパネルの[ハイライト][輝度]で飽和を調整します 16 、 17 。

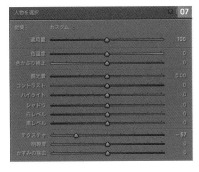

[マスク1]（人物1・顔の肌）を選択し、マスクオプションで[テクスチャ：-57]と設定

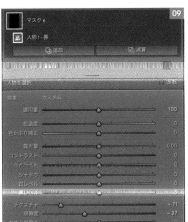

[マスク6]（人物1・唇）を選択し、マスクオプションで[テクスチャ：-71][明瞭度：-27]と設定

[マスク2]（人物1・体の肌）を選択し、マスクオプションで[テクスチャ：-40]と設定

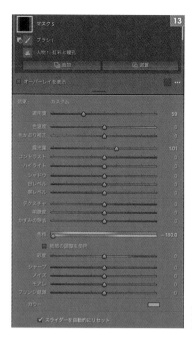

[減算]で[ブラシ]を選択し、瞳の中央や
はみ出したマスクを消去する

[マスク5](人物1・虹彩と瞳孔)を選択し、マスクオプションで
[露光量：1.01][色相：-180.0]として[適用量：59]と設定

ヒストグラムで飽和を確認する

カラーコンタクトを入れたようなイメージ

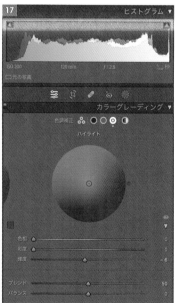

カラーグレーディングパネルの[ハイライト]で
[輝度：-6]と設定し、飽和を調整

04

紫陽花を違う色に変える

After

Before

Lightroom Classicには色の変更を行える機能が複数あります。ホワイトバランスやトーンカーブのような全体的に変更するものから、HSLやマスク「カラー範囲」のようなピンポイントなカラーを調整できるもの、その中間のカラーグレーディングなどです。各々の特性を理解して最適な調整法を見つけましょう。

プロはこう考える

Step 1

HSL/カラーパネルで色相を変更します。

Step 2

ディテールパネルで花弁の質感をきれいに。

Step 3

周辺光量を調整して、全体の美しさをさらに演出します。

Chapter 6

基本的な補正

·01·

レンズ補正パネルの［色収差を除去］と［プロファイル補正を使用］にチェックを入れ、基本補正パネルのプロファイルを［Adobe標準］として **01**、ヒストグラムを確認しながら［階調］で調整を行います **02**、**03**。

プロファイルブラウザーから［Adobe標準］を選択する

基本補正の［色温度：4,500］［ハイライト：-69］［シャドウ：+60］［白レベル：+37］［黒レベル：-35］と設定

調整結果

·02·

ヒストグラムの両端上の ■（クリッピング警告）にカラーが表示され、飽和していることがわかるので、トーンカーブパネルの［ポイントカーブ］を選択し、シャドウ（左側）のポイントを上に、ハイライト（右側）のポイントを下にして、飽和を抑制します **04**、**05**。

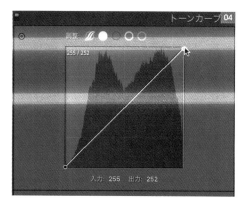

トーンカーブパネルの［ポイントカーブ］をシャドウ側（入力：0、出力：6）、ハイライト側（入力：255、出力：252）に移動させる

調整されたヒストグラムの状態

HSL/カラーによる色の変更

·01·

HSL/カラーパネルの[色相]左にある■(写真内をドラッグして色相を調整)をクリックしてアクティブにし、画像内の調整したいブルー系のカラーに合わせてドラッグしながら上に移動させると、アクアとブルーが調整されます  ～ 03 。

[色相]の[写真内をドラッグして色相を調整]でドラッグしながら上に移動させる

[色相]で[アクア:+82][ブルー:+100]と調整

調整結果

·02·

ナビゲーターで400%として画像を確認すると 04 、ボケている部分のカラーが分離してエッジが立ってしまいます 05 。HSL/カラーパネルの[彩度]左の■(写真内をドラッグして彩度を調整)をクリックして、境界部分に合わせると、アクアにリンクします 06 。このまま移動させてもよいのですが、アクアのみを調整したいので、全体のカラーへの影響を見ながら、パラメーターをマイナス側へ調整します 07 。紫陽花の花やガクの彩度を上げるために、見た目にはマゼンタもしくはパープルですが、元の色への調整となるため、ブルーの彩度を調整します 00 - 10 。

ナビゲーターで400%にして確認する

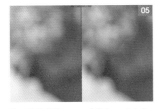

色の境界部分にエッジが立ってしまう

[彩度]の[写真内をドラッグして彩度を調整]でエッジ部分のカラーを確認する

[彩度]で[アクア:-100]と調整

100%表示で確認する

[彩度]で[ブルー:+25]と調整

調整結果

実践編 ● ケーススタディ[基本レベル] ●

Chapter 6

141

シャープの調整

·01·

ディテールパネルの［シャープ］はデフォルトである程度シャープになるように設定されています。シャープ効果は［適用量］が強さ、［半径］がピクセルの範囲で、［ディテール］がピクセルのエッジに対する効果となっているため、［半径］の値を大きくすると、エッジが強調され、［ディテール］の値を大きくすると、ピクセルノイズが強くなります。これに対して、［マスク］はエッジを残して粒状感をなくさずにノイズを軽減させるもので、ノイズ軽減の調整をする前に調整するとよいでしょう。

この画像の場合、それほどシャープさが必要ではないので、エッジが強調されすぎないように調整します 01 ～ 03 。

ナビゲーターで800%にして確認する

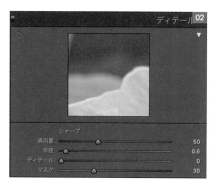

ディテールパネルの［シャープ］で［適用量：50］［半径：0.6］［ディテール：0］［マスク：30］と調整

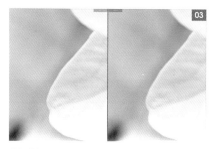

［シャープ］パラメーターの違いは次の通りです。

［ディテール］のデフォルト状態。1,600％表示

［適用量：150（最大値）］［半径：3.0（最大値）］他を0とした状態

［適用量：150（最大値）］［ディテール：100（最大値）］他を0とした状態

［適用量：150（最大値）］［マスク：100（最大値）］他を0とした状態

カラーの調整

·01·

RGBの座標値を変更することでカラー調整を行う、キャリブレーションパネルの[色度座標値]を使用して、全体の色相と彩度を調整します。基本的にはRGBの調整ですが、トーンカーブは相対的なカラーの補色とのバランスで調整を行うのに対して、色度座標値は色相位置を横にずらしていくイメージです。

レッドであれば補色はシアン（HSL/カラーではアクア）となりますが、イエロー、マゼンタ側に座標値を移動させる調整となります。
レッド色度座標値の[色相]をイエロー側（オレンジ）に移動させ、彩度調整を行い、影響の出るグリーンの調整を行います 01 、 02 。

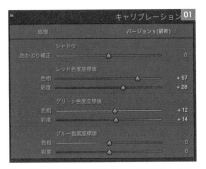

[レッド色度座標値]で[色相：+57][彩度：+28]、[グリーン色度座標値]で[色相：+12][彩度：+14]と設定

·02·

HSLの範囲調整を行うものにカラーグレーディングパネルがあります。これは、色相環の外周をH（色相）、内側をS（彩度）、下のパラメーターでL（輝度）を、シャドウ、中間調、ハイライトで分けたもので、全体の調整も行えます。色度座標値を使用せず、カラーグレーディングのみでも調整できますが、色を変更するというよりは、色を乗せていく調整のため、強めに調整すると、トーンを付けにくくなります。[輝度]パラメーターは「トーンカーブ」で行った飽和制限も行えますが、ここではコントラストを強める調整を行います 03 ～ 05 。

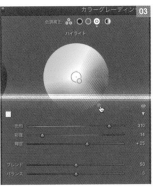

カラーグレーディングパネルの[ハイライト]で[色相：310][彩度：14][輝度：+25]と設定

調整結果

カラーグレーディングパネルの[シャドウ]で[輝度：-25]と設定

周辺の調整

·01·

周辺光量の補正には、レンズ補正パネルの[プロファイル]、[手動]内に[周辺光量補正]パラメーターがあり、マスクの[円形グラデーション]でも調整を行えます。しかしこれらの方法では、トリミング調整を行うと一緒にトリミングされてしまいます。一方、効果パネルの[切り抜き後の周辺光量補正]は画像のエッジに対して調整するため、トリミングしても補正は残されます。[適用量]が明るさ、[中心点]は大きさの調整で、[丸み]は「-100」とすると、エッジに合わせた正形に近くなります。

ここでは、周辺を明るめにし、[スタイル]を[ハイライト優先]として周辺の暗めになる部分を明るめに調整します 01 ～ 03 。

効果パネルの[切り抜き後の周辺光量補正]で[スタイル:ハイライト優先][適用量:+15][中心点:89][丸み:+31][ぼかし:69]と設定

周辺が
明るめになる

全体の調整結果

Memo •

[円形グラデーション]で設定

トリミング調整した状態

[切り抜き後の周辺光量補正]で設定

トリミング調整した状態

部分的なカラー調整はマスクツールの[カラー範囲]でも行えます。この
例では、一度のマスクでは範囲をカバーしきれないので、3段階で調整
を行っていて、このことで、個別にカラー調整が可能となります。エッジ
部分のカラーは調整しきれない場合があるので、[HSL/カラー]の[彩
度]での調整が必要となります。

マスクの[カラー範囲]で調整した場合

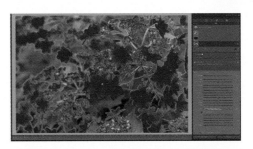

3段階で調整

調整結果

05

室内写真のパースを調整する

After

建物や室内の画像は広角系のレンズで
撮影されることが多く、パースの矯正が
不可欠といえます。特に室内の場合は
垂直線は垂直に矯正しないとパースが
多方向になってしまいます。

Before

プロはこう考える

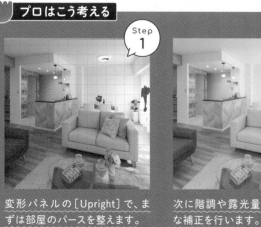

Step 1

Step 2

Step 3

変形パネルの［Upright］で、ま
ずは部屋のパースを整えます。

次に階調や露光量など、基本的
な補正を行います。

今度は家具のパースを調整しま
す。

Part 2

部屋のパースの調整

01 見下ろして撮影された画像の手前にあるものは、パースの矯正によって広がってしまいます。広がったパース部分をできるだけ目立たなくするように処理していきます。

まずレンズ補正パネルの［色収差を除去］［プロファイル補正を使用］にチェックを入れ、基本補正パネルの［プロファイルブラウザー］で彩度が高めの［Adobe風景］を選択します（P.39参照）。［補正前と補正後の調整を入れ替え］を使用すると、調整結果が確認できます **01**。

変形パネルで［Upright：ガイド付き］を選択します **02**。画像表示領域内にルーペ付きのガイド付き用ツールが表示されるので、できるだけ画像の両サイドに近い垂直ラインに、ルーペで確認しながら、ドラッグして配置します **03** 〜 **05**。配置が完了すると自動的にラインが垂直に矯正され **06**、画像に余白が出るので、変形パネルの［切り抜きに制限］にチェックを入れます。［Upright：ガイド付き］を終了させるにはマウスポインターを変形パネルの枠内に戻すか、画像表示領域右下の［完了］をクリックします。

画像表示領域下の［グリッドを表示：常にオン］として **07**、**08**、グリッドに垂直線が合っているかを確認し、再調整する場合は、ガイド付き用ツールをガイドライン上下のハンドルに合わせて移動させます。

［Adobeカラー］（左）と［Adobe風景］（右）の比較

画像左側の壁などのラインにガイド付き用ツールのルーペでエッジを確認してクリック

画像の垂直ラインに合わせて、再度クリック

画像右側のラインも同様に配置

垂直補正される

グリッドが表示された状態

Chapter 6

基本補正と全体の調整

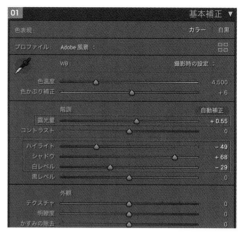

·01·

基本補正パネルの[階調]で、[露光量]のプラス補正をし、[ハイライト][白レベル]をマイナス側に補正してハイライトを抑え、[シャドウ]をプラス側に補正してシャドウ部の中間トーンを出します 01 、 02 。

基本補正パネルの[階調]で[露光量：+0.55][ハイライト：-49][シャドウ：+68][白レベル：-29]と調整

調整結果

ツールストリップの 🔵 （マスク）から［線形グラデーション］を選択し、天井部分に上から下に向けてグラデーションを配置します 03 。続けてマスクパネルの［マスク］をクリックして表示される［追加］から［線形グラデーション］を選択 04 、もしくはoption〔Alt〕+Mで追加し、左側から内に向けて配置します 05 。多少暗めに見えるこのマスクの領域を明るめに調整するために、マスクオプションの［露光量］をプラス側に調整して、［ハイライト］［コントラスト］で中間トーンを調整します 06 ～ 08 。

天井部分に上から下に向けて
ドラッグしながら移動させて配置

左から右に向けて配置

マスクが配置された状態

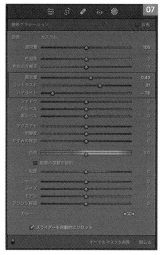

マスクオプションの［露光量：0.40］［コントラスト：31］［ハイライト：-78］と明るめになるように調整

画像のトリミング

01 変形パネルの［切り抜きを制限］にチェックを入れると、自動的にトリミング処理が行われ、ツールストリップの（切り抜き）を選択するとトリミング範囲を確認することができます 01 ～ 03 。

変形パネルの［切り抜きを制限］と
［切り抜き］の［画像に固定］はリンクする

変形パネルの［切り抜きを制限］によるトリミングが確認できる

変形パネルの［変形：拡大・縮小］で全体を縮小させると 04 、変形された画像全体を確認できるので、トリミング位置を再調整して垂直パースの矯正は完成で

す 05 、 06 。床面を広くして、室内全体を広く見せる調整の場合、ここで完了となるので完成状態を［スナップショット］で保存します。

［拡大・縮小］で全体が見えるように調整

トリミング位置を調整

トリミングを変更してもマスク位置は維持される

家具の水平パースを調整

・01・

ここまでが、室内メインの「家具などが配置された室内」で、ここからは家具メインの「ソファーの配置イメージ」の調整を行っていきます。

床面を広く見せているために、左に向かっての奥行きパースの交点は画面上から3分の1ほどになり、グレーのソファーが左に上がっているように見えます。パースの交点を中央付近にするために、ソファーの背のラインに合わせて［Upright：ガイド付き］のガイドを配置して微調整を行います 01 〜 03 。この調整で、左側のソファーが横に広がってしまうため、トリミングで切れるように調整します。

［Upright：ガイド付き］でソファー上のラインに合わせてガイドを配置

パースが矯正されるので微調整

トリミングで調整

Memo

[Upright：ガイド付き]のガイドは、天地左右に4本のラインを配置することができます。天井のラインとソファー下のラインに個別に配置して調整することで奥行きパースを個別に調整することができます。

ガイドをソファートに配置して調整

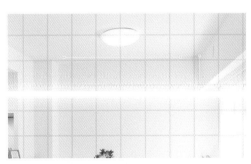

ガイドを天井のラインに配置して調整

天地のライン調整でより左奥行きパースを強制させられる

この調整で、画像の左側が広がっていることがわかる

Chapter 6

建物（外観）のパースを調整する

After

建物や室内の画像は広角系のレンズ
で撮影されることが多く、パースの矯正
が不可欠といえます。広がったパース
部分をできるだけ目立たなくするように
処理しましょう。

Before

プロはこう考える

Step 1

Step 2

Step 3

まずは垂直のパースを調整。

さらに奥行きのパースを調整します。

その後で、階調などの基本補正を行います。

Part 2

パース（垂直）の矯正

01 レンズ補正パネルの［色収差を除去］と［プロファイル補正を使用］にチェックを入れ、プロファイルブラウザーで彩度が高めの［Adobe風景］を選択します。［補正前と補正後の調整を入れ替え］を使用すると、調整結果を確認できます **01** 。
変形パネルの［Upright：ガイド付き］を選択しま

す **02** 。画像表示領域内にルーペ付きのガイド付用ツールが表示されるので、できるだけ画像の両サイドに近い垂直ラインに、ルーペで確認しながら、ドラッグして配置します **03** 。配置が完了すると自動的にラインが垂直に矯正され **04** 、画像に余白が出ます。

［Adobe カラー］（左）と［Adobe 風景］（右）の比較

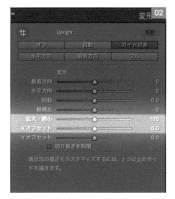

変形パネル［Upright］の［ガイド付き］を選択

ガイド付き用ルーペが表示されるので、壁のエッジなどに合わせてラインを配置

右側に配置を完了すると垂直矯正が行われる

02 周辺の余白が確認できるように［変形］の［拡大・縮小］を「85」とします **01** 、 **02** 。［Upright：ガイド付き］を終了させるにはカーソルを変形パネル

の枠内に戻すか、画像表示領域右下の［完了］をクリックします。

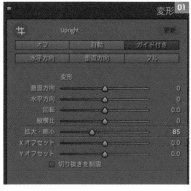

矯正された部分を確認できるように［拡大・縮小：85］と設定する

周辺の余白が確認できる

画像表示領域下の［グリッドを表示：常にオン］として
03 、 04 、グリッドに垂直線があっているかを確認し、再調整
する場合は、ガイド付き用ツールをガイドライン上下のハンド
ルに合わせて移動させます。

ガイドを表示させる

切り抜き調整

・01・

ツールストリップから（切り抜き）を選択し、［画像に固定］に
チェックを入れます 01 。［画像に固定］は変形パネルの［切り抜
きを制限］とリンクしていて、余白内にその時点での比率でトリ
ミングします 02 。
トリミング範囲を変更するために、バウンディングボックスの周
辺で縮小し、画像内をドラッグしながら移動させます 03 。この
時点で［ガイド付き］を使用した垂直矯正は完了です。

［切り抜き］の［画像に固定］にチェックを入れる

画像の範囲でトリミング範囲が設定される

バウンディングボックスでサイズ変更や移動を行い、トリミング位置
を変更する

奥行のパースを付ける

・01・

奥行きのパースを出すために［ガイド付き］を選択し、左奥に
ある建物の中央の窓に横ラインを配置し、変形パネルの［水平
方向］をプラス側に調整します 01 〜 03 。

横ラインのガイドを配置する

ラインに合わせて、パースが変更される

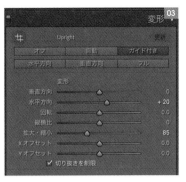

[変形]の[水平方向]を[+20]とする

02 ガイドは縦横で4本配置でき、配置後に［変形］による調整が行えますが、ガイドの角度変更や移動などを行うと、［垂直方向］［水平方向］［回転］のパラメーターはリセットされてしまうので注意しましょう 01 、 02 。

奥行きのパースがつき、調整の手順によってはトリミング位置が変更される

トリミング位置を変更する

基本補正

01 基本補正パネルの「階調」で「ハイライト」をマイナス側に調整してハイライトを抑え、［シャドウ］をプラス側に調整してシャドウ部の中間トーンを出し、コントラストを強めるために［白レベル］をプラス側に調整します 01 、 02 。

基本補正パネル［階調］で［ハイライト：-69］［シャドウ+76］［白レベル：+41］に設定

調整結果

建物（外観）のパースを調整する

基本補正によって強まった彩度を［外観］の［自然な彩度］をマイナス側に調整し、完成です 03 、04 。

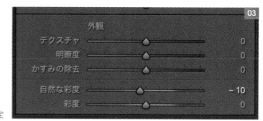

基本補正パネル［外観］で［自然な彩度：-10］に設定

調整結果

［変形］パラメーターのみの調整

·01·

変形パネルの［変形］パラメーターのみの調整でも同様な調整が行えます。［垂直方向］と［回転］で縦のパースと水平ラインを、［水平方向］で奥行きのパースを矯正します 01 、02 。また、「Upright」の［水平方向］［垂直方向］のオート処理に option［Alt］キーを押しながら［変形］パラメーターで追加処理が行えます。ただ、［Upright］と［変形］の組み合わせの処理は予期しない結果になる場合があるので、画像の状況に合わせてツールを選択しましょう。

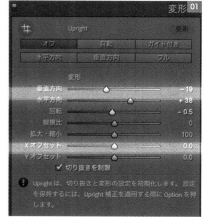

［変形］で［垂直方向：-19］［水平方向：+38］［回転：-0.5］に設定

［ガイド付き］と同様の結果が得られる

Column ［ガイド付き］を用いた調整

［ガイド付き］は縦横２本ずつのラインを配置でき、ライン中央をドラッグしながら移動、両端のハンドルで角度調整が行えます 01 、 02 。［切り抜きを制限］にチェックを入れたまま、角度調整や矯正を繰り返すと、画像の範囲が変更されてしまうので、［切り抜き］で範囲を確認しながら作業しましょう。

また、矯正によって縦横比が変更されてしまう場合があるので、そのような場合は［縦横比］パラメーターで調整しましょう 03 、 04 。

縦横２本ずつのラインを配置してハンドルでパースを調整

調整結果

［変形］で［縦横比：+30］に設定

縦横比が変更されて、右の建物の扉が画像の範囲に収まった

Chapter 6

07 トーンカーブで遊ぼう

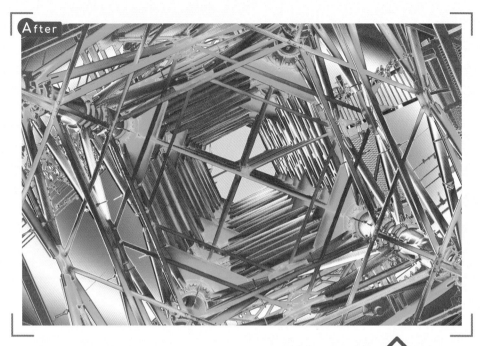

Lightroomは基本的に写真を綺麗に
仕上げるように調整するためのもの
で、通常補正の範囲でイメージに合わ
せた補正を行うパラメーターが用意さ
れています。トーンカーブもその1つで
すが、ポイントカーブは複数のポイント
でイラストのようなイメージを作成する
ことができます。

Before

プロはこう考える

Step 1

まずは基本的な補正を行ってお
きます。

トーンカーブ

調整 〇 • 〇〇

入力　出力

ポイントカーブ・カスタム

Step 2

トーンカーブパネルで大胆なトー
ンカーブを適用してみましょう。

Step 3

周辺光量を調整することでさら
に遊び心のある絵柄に。

Part 2

基本的な補正

01 レンズ補正パネルの［色収差を除去］と［プロファイル補正を使用］にチェックを入れ、ツールストリップの（切り抜き）を選択し、トリミング調整を行います 01 〜 03 。後の調整であまり意味の

ない調整となりますが、基礎的なこととして、基本補正のパラメーターで調整を行います 04 、 05 。

レンズ補正パネルの［色収差を除去］と［プロファイル補正を使用］にチェックを入れる

ツールストリップから［切り抜き］を選択

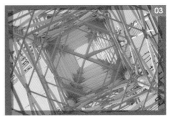

トリミング調整をする

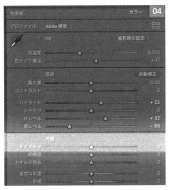

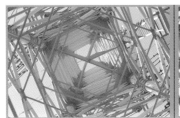

基本補正の補正結果

［基本補正］の［階調］で［ハイライト：＋22］［白レベル：＋32］［黒レベル：-50］と設定

トーンカーブによる調整

·01·

トーンカーブパネルには、分割ポイントと4分割された［範囲］スライダーで構成されている「パラメトリックカーブ」と、ポイントを直接ラインに合わせて配置して調整できる「ポイントカーブ」があります。「ポイントカーブ」にはRGB個別の調整もあり、相対色である補色のCMYに対しての調整が行えます（P.49参照）。
「ポイントカーブ」のポイントは複数配置することができ、「パラメトリックカーブ」のような範囲制限はないので、好きなカーブを描くことができます。RGB個別に極端な調整を行うと、色情報を破壊していくことになりますが、このことを利用して調整することで、イラストのような画像を作ることができます 01 〜 06 。

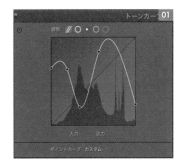

トーンカーブで「レッドチャンネル」を調整

Chapter 6

159

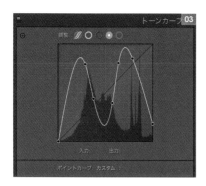

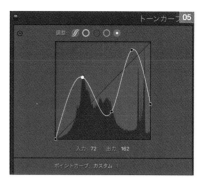

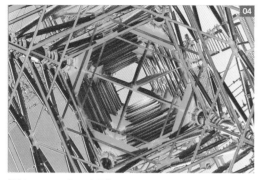

「グリーンチャンネル」を調整

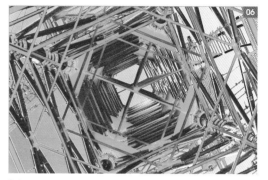

「ブルーチャンネル」を調整

Memo •

カラーを調整するための色空間には、「トーンカーブ」で使用されるRGBカラー、「HSL/カラー」「カラーグレーディング」のHSLカラーがあり、ホワイトバランスの［色温度］と［色かぶり補正］はLabカラーのbとaチャンネルに相当します。RGBは三角の重点が適用カラーとなゼンタからグリーン、イエローからブルーの設定値の交点で表現されます。

Photoshop「カラーピッカー」HSB（色相、彩度、明度）の色構成

Photoshop「カラーピッカー」RGB（レッド、グリーン、ブルー）の色構成

Photoshop「カラーピッカー」Lab（輝度、マゼンタからグリーン、イエローからブルー）の色構成

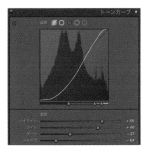
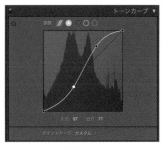
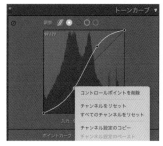

パラメトリックカーブは制限の範囲内で調整が行える

ポイントカーブは複数のポイントを配置して移動させることができる

右クリック（⌘[Ctrl]+クリック）でメニューを表示させて、リセットや削除が行える

周辺の調整

·01·

周辺もした調整します。ツールストリップの（マスク）から[円形グラデーション]を選択し 01 、中央から広げるように配置して、マスクオプションの[反転]にチェックを入れたら 02 、パラメーターで調整します 03 、 04 。「トーンカーブ」であり得ないカラーに調整されているため、通常補正パラメーターは実際の調整とは異なったイメージに変化し、テクスチャ以下のパラメーターはその補正値に合わせた補正が行えます。これは、基本補正パネルの[階調]でも同様のため、いろいろとパラメーターを動かしてみて、気に入ったものを探してください。また、[効果]の[切り抜き後の周辺光量補正]のスタイルを[ハイライト優先]や[カラー優先]とすると、違った雰囲気を演出できます 05 ～ 10 。

ツールストリップの「マスク」から[円形グラデーション]を選択

中央から広げるように配置して、[反転]にチェックを入れる

周辺が調整された状態

マスクオプションを[色温度:28][露光量:2.21][シャドウ:-44][黒レベル:-12]と設定

Chapter 6

基本補正パネルの［階調］で［露光量：+1.20］と調整した状態　　基本補正パネルの［階調］で［露光量：-1.40］と調整した状態

効果パネルの［切り抜き後の周辺光量補正］
で［スタイル：ハイライト優先］［適用量：-67］
［中心点：34］と調整

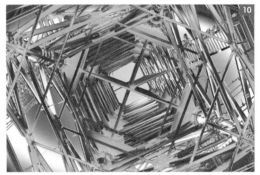

調整結果

02　この調整は結果がわかりにくく、調整を変更する と同じような調整をするのか難しいため、気に 入ったものができた段階で、「スナップショット」　　に保存しておきましょう 11 〜 13 （P.215参照）。 また、「プリセット」に保存しておくことで、ほかの画 像に適用させることができます 14 、15 。

スナップショットパネル右の＋で保存

プリセットパネル右の＋をクリックすると 「現像補正プリセット」ダイアログが表示さ れる

プリセットパネルに配置される

別の画像にプリセットを適用

プリセットは［適用量］の調整が行える

08 Lightroomで行う基本的な調整（iPad版）

After

Lightroom Classicを使っている人は、クラウド版の「Lightroom」（P.16参照）も使える環境にあると思います。Lightroom Classicをメインに使っていても、出先での作業などでLightroomも併用して効率的に使っている人も多いでしょう。ここではちょっとClassicを離れて、iPad版のLightroomを用いた基本的な作業の流れを紹介します。

Before

プロはこう考える

Step 1

Step 2

Step 3

まずはLightroomに画像を読み込みます。

明るさやディテールなど、基本的な補正を行います。

マスクツールで被写体を目立たせましょう。

Chapter 6

画像の読み込み

·01·

Lightroomの画像の取り込みはファイルメニュー→[○枚の写真を追加]でフォルダーやファイルを選択するか、グリッド状態のパネルにドラッグ&ドロップで追加でき 01 〜 03、Lightroom（iPad版）とはクラウドで同期されます 04。Lightroom（iPad版）を使用し、パネル右の（編集）をタップして、レンズパネルで[色収差を除去][レンズ補正を使用]のスイッチをオンにします。この画像はスマートフォンで撮影されたもので、レンズプロファイルが設定されないため、[レンズ補正を使用]はチェックを入れても変更されませんが、入れても問題はないので、通常補正のルーティンとして入れておきましょう。

ファイルをグリッド状態のパネルに直接ドラッグ&ドロップする

パネルに画像が配置され、[○枚の写真を追加]をクリックすることで取り込まれる

パネル左上の（写真）で画像の編集などが行える（Lightroom）

取り込んだ画像はLightroom（iPad版）にも同期される

基本的な補正

·01·

パネル右の（切り抜きと回転）をタップして四隅四辺のポイントを移動、回転させてトリミングを行います 05。初期状態では[縦横比]は元画像の比率になっていますが、調整によって比率が変更され[縦横比：カスタム]となる場合があります。比率を設定する場合は[縦横比]のプルダウンから比率を設定します。

トリミングを調整

パネル右上のをタップして[表示オプション]のプルダウンを展開します。[情報オーバーレイを表示]のスイッチを入れて、[ヒストグラムを表示/非表示]を選択し、[フィルムストリップ]のスイッチでフィルムストリップの表示／非表示を選択します。パネル右の（編集）のライトパネルで、ヒストグラムパネルを確認しながら明るめに調整します 06 。画面上の不要な部分を修正するために、（修復ブラシ）

をタップし、不要部分をなぞってブラシを配置します 07 。ソースが自動で設定されるので、ソース側を移動させて調整します 08 。
画像を拡大表示させると、元の画像サイズが小さいのでエッジが甘くなり、ボケたようになっているので、ディテールパネルでシャープ補正を行います 09 、10 。効果のかかり具合は、[ディテール]の文字部分を長押しすることで非表示状態が確認できます 11 。

ライトパネルで[露光量：-0.78][ハイライト：-4][シャドウ：+16][白レベル：+14]に設定

[方法：修復]としてサイズなどを設定して不要部分にブラシを配置

自動で配置されたソースを移動させて調整

拡大表示すると画質の低下が見られる

エッジがシャープに見えるようにディテールパネルの[シャープ：98]として際立ったピクセルエッジを馴染ませるために[半径：0.7][ディテール：6]とする

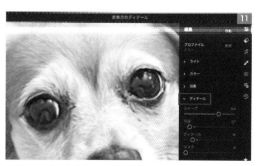

[ディテール]の文字部分を長押しで、非表示状態を確認できるので見比べながら設定していく

Chapter 6

·02·

Lightroom（iPad版）で◉（マスク）をタップすると現状では使用できないマスクがある場合、［マスク］を完了させ、パネル左上の◀でグリッド表示にして、同期させます。Lightroomには、ここまでの調整が残った状態で同期されるので、◉（マスク）をタップして

［被写体を選択］をタップします 。被写体に調整マスクが配置され 、周辺を調整するためにマスクオプションの［反転］をタップしてアクティブにします。マスクオプションで周辺を明るめに調整して被写体を目立たせます 。

［マスク］でLightroom（iPad版）では使用できなかった［被写体を選択］を選択（アップデートのタイミングが異なるため、現在では使用できるようになっています）

［反転］をタップして、マスクオプションの［露光量：+1.56］として、白飛びを抑えるために「ハイライト：-54」「白レベル：-28」として、シャドウをより引き締めるために［黒レベル：-11］と設定

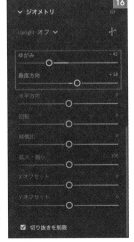

背景側が調整される

🖊（編集）をタップしてジオメトリパネルの［ゆがみ］と［垂直方向］で超広角レンズで撮影したような効果に調整します 、17。

ジオメトリパネルの［ゆがみ：-42］［垂直方向：+18］として広角効果を演出

調整結果

[ゆがみ]はプラス側で凹レンズ、マイナス側で凸レンズのような効果を与えるもので、Lightroom Classicでは、[レンズ補正]の[手動]に配置されています。□（切り抜きと回転）でトリミングを変更して 、画像の調整は完了です 。

Lightroom（iPad版）で［被写体を選択］マスクの調整は可能

·03·

この画像は、スマートフォンからLINEを介しているためダウンサイズされています。また、トリミング調整を行っているためより小さなサイズとなっており、パネル左下の［情報］を確認すると886×1,181pixelとなっています。このサイズはWeb用（解像度：75pixel/inch）であれば長辺が40cm程度となり…………（解像度350pixel/inch）では、8.5cm程度となってしまいます（インクジェットプリンターの場合はそこまでの解像度は必要ありませんが、それでも250〜300pixel/inch程度は必要です）。

印刷用で長辺18cm程度が必要な場合、2,400pixelくらいとなるので、パネル右上の□（共有）の［書き出し：カスタム設定］を選択して、［寸法］のプルダウンから［カスタム］を選択し、［長辺］に「2400」と打ち込んで、書き出します 、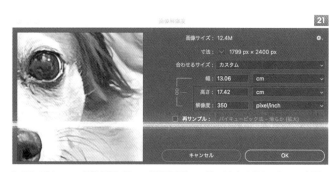。

この設定は、手元にあるデータがこのサイズしかなかった場合や大幅にトリミングした場合に対してのもので、拡大しすぎると画質が荒れてしまいます 。

［長辺］に直接入力

2,400ピクセルで、長辺が17.42cm、解像度350pixel/inchとなる（Phtoshopで確認）

拡大させると画質は低下する

Chapter 6

09 Lightroomでモノクロ画像を作成する

After

前のセクション08に続いて、ここでもLightroom
での操作方法を紹介します。ここで紹介するのは
モノクロ写真の作成です。モノクロならではの表
現力を持たせるには、様々なポイントがあります。
単に"彩度を下げる"だけではない、プロの手法を
見てみましょう。

Before

プロはこう考える

Step 1

モノクロにする前に基本的な補
正を行っておきます。

Step 2

モノクロに変換、輝度なども調整
します。

Step 3

周辺光量も調整して、モノクロ写
真独自の演出を加えます。

Part 2

ハレーションを抑えておく

・01・

レンズパネルの［色収差を除去］と［レンズ補正を使用］にチェックを入れます 01 。 … →［ヒストグラムを表示］をクリックし 02 、ヒストグラムパネルで ▲ をクリックし、飽和部分を確認します。

［色収差を除去］と［レンズ補正を使用］にチェックを入れる

Lightroomの場合はパネル下の 🗔 （フィルムストリップを非表示）をクリックしてフィルムストリップを非表示とします。Lightroom Classicの［補正前と補正後のビューを切り替え］はLightroomにはないため、 🔳 （元画像を表示）をクリックし、元画像との比較をします 03 。

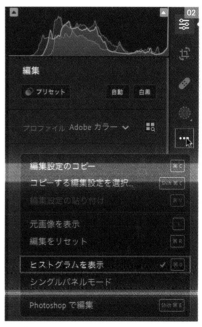

表示パネル下の［フィルムストリップを非表示］のアイコンで非表示にできる。右側には調整比較用の［元画像を表示］のアイコンがある

［ヒストグラムを表示］にチェックを入れる。設定のコピーやリセットなどもこのメニューから行える

元画像がハレーション気味の画像なので、ライトパネルの[黒レベル]で飽和しない程度にマイナス調整でハレーションを抑えてから、他のパラメーターを調整します **04**、**05**。カラーパネルで、周辺のライトなどの影響を受けている[色温度]の補正と[自然な彩度]の補正を行います **06**、**07**。

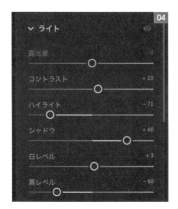

[黒レベル：-60]としてから、[コントラスト：+10][ハイライト：-71][シャドウ：+60][白レベル：+3]に調整

[色温度：4,500][自然な彩度：-15]に調整。周辺のライトなどの色かぶりが抑えられる

モノクロへの変更と調整

01

モノクロへ変更した場合、基本調整などはカラーの調整とは異なりますが、ベースとなる基本補正をカラーで調整してからモノクロへと変換したほうが、調整への目安が付けやすくなります。

[編集]の[白黒]でモノクロに変換され、カラーパネルが[白黒ミックス]になります **08**。[白黒ミックス]内のカラー設定はカラー画像状態に対しての色設定となり、[輝度]の調整を行うものです **09**。[ターゲット調整]のアイコンや各パラメーターで画像内の[輝度]を変更したい部分を調整できますが、同系色は変更されます **10**。

[ターゲット調整（白黒ミックス）]のアイコン。カラーミキサーでの名称は[被写体調整（カラーミキサー）]

[編集]の[白黒]でモノクロ画像に。ライトパネルのパラメーターは変更しない

[ターゲット調整]での調整では元のカラーで調整される

コントラスト調整はライトパネルの[コントラスト]もしくは、白飛びや黒つぶれを起こしにくい[ポイントカーブ]を使用して調整します 。

[白黒ミックス]のパラメーターは[輝度]の調整。[コントラスト]は飽和しにくい[ポイントカーブ]を使用

02.

[白黒]以外でも、[彩度：-100]とすることでモノクロに変更させることができます。この調整の場合はカラーパネルは変更されませんが、色要素が失われるため、調整は行えなくなります 12 、 13 。

カラーミキサーパネルの[彩度（すべて）：-100]でもモノクロにすることができ、この場合は[白黒]同様に[輝度]パラメーターでの調整が可能です 14 ～ 20 。

[白黒]ではなく[彩度：-100]でもモノクロにすることができるが、[カラーミキサー]は使用できなくなる

Memo ●

これらの調整は単純なモノクロ画像にというよりは、部分的な色付けなどを行いたい場合に使用します。

Chapter 6

［彩度：-90］とした場合、薄くカラーが乗り、カラー調整が行える

カラーミキサーパネルですべて［彩度：-100］にすることでもモノクロに変更できる

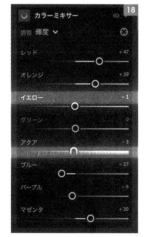

［白黒］同様［輝度］パラメーターが使用できる

［編集］の［プリセット］にもモノクロ用プリセットがある

Part 2

·03·

実際のモノクロプリントでもベースカラーの違いなど
で、印画紙によって色が異なり、人工着色などで着色
することもできます。あくまでもモノクロはモノクロで
すが、このように表現方法を変化させることができる
のはモノクロプリントの魅力ともいえます。
全体に対しての着色には、カラーグレーディングパネ

ルを使用します。カラーグレーディングは、カラーの
調整ではなく色を乗せるもので、⓪（全体）を選択し
て乗せたい色を選択します 21 、22 。また、［シャドウ］
［中間色］［ハイライト］に別のカラー設定をすること
で、領域別のカラーにすることもできます 23 、24 。

アンバー系に着色された状態。カラーグレーディングパネルでは、［全体］で着色ができ
る

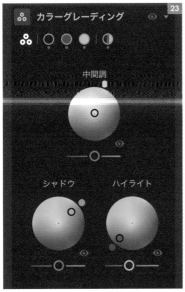

［シャドウ］をアンバー系、［ハイライト］をブルー系に調整

·04·

周辺光量を暗めにして、手前の人物により視点が向くようにするために、効果パネルの［周辺光量補正］（Lightroom Classicでは［切り抜き後の周辺光量補正］）で暗めに調整します **25** 、 **26** 。

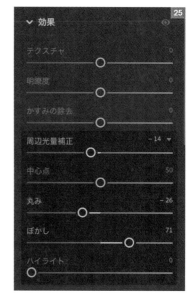

効果パネルで［周辺光量補正：-14］［丸み：-26］［ぼかし：71］に設定

ヒストグラムパネルを確認すると、シャドウ側が飽和しているので、カラーグレーディングパネルの［シャドウ］の［輝度］パラメーターで調整します **27** 。

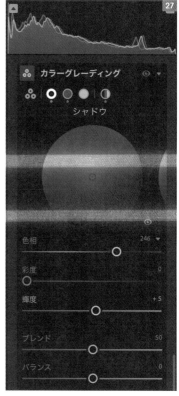

シャドウ側の飽和をカラーグレーディングパネルの［シャドウ］で［輝度：+5］に調整

Memo ・・・・・・・・・・・・・・・・・・・・・・・・・・・・

モノクロというと"昔の写真"というイメージがあるかと思います。しかしモノクロ写真はカラー写真と比べ、カラー情報がなくなることで視点をより集中させることができるという特徴があります。また、人物や自然の色など想定できるものと、建物や服の色など想定できないものに振り分けられることで、想像で着色されるため見た人によって印象が異なります。
Lightroom、Lightroom Classicでのモノクロへの変換法は複数あり、色の変化を気にすることなくトーンによって印象を変化させることができます。思い通りのモノクロ画像を仕上げてください。

ケーススタディ
［応用レベル］

最後のChapterは、実践編［応用レベル］です。より緻密な現像・補正や、ちょっとトリッキーな演出方法、そしてプロならではのメソッドなどを紹介しています。ぜひあなたの写真ライフをより豊かなものにしてください。

Chapter7

新緑の中の肌と反射カラーを調整する

After

撮影時にはあまり気にならない被写体に対しての周辺環境色の反射は、調整を行うと際立ってしまう場合があります。特に、グリーン系の葉の色とマゼンタ系の肌の色のような、相対色となるものは違和感が大きくなりやすく、色を合わせるように調整しましょう。

Before

プロはこう考える

Step 1

まずは基本的な補正を行います。

Step 2

マスクツールで背景を選択、調整を行います。

Step 3

人物の肌を調整します。肌に乗った反射カラーも調整していきます。

Part 2

基本的な補正

・01・

レンズ補正パネルの［色収差を除去］と［プロファイル補正を使用］にチェックを入れ 01、基本補正パネルのプロファイルを［Adobe人物］として 02、ヒストグラムを確認しながら［階調］で調整を行います 03 〜 05。ホワイトバランスは、新緑のイメージにするために、［色温度］をブルー側に調整していますが、例えば「ひだまりの中で」といったイメージにするのであれば、調整幅は変わってきます。同じ画像であっても、ホワイトバランスの設定で印象は変わるので、どのような画像にしたいかを決めてから設定してください。また、別の調整をする場合、途中で変更してしまうと、設定がわかりにくくなってしまうため、スナップショットでそこまでの調整を保存しておきましょう。

レンズ補正パネルの［色収差を除去］と［プロファイル補正を使用］にチェックを入れる

プロファイルブラウザーから［Adobe人物］を選択する

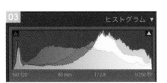

ヒストグラムを確認しながら［色温度：4,015］［露光量：+0.65］［コントラスト：+17］［ハイライト：-100］［シャドウ：+38］［白レベル：+14］［黒レベル：-27］と設定

調整結果

［色温度］4,730と4,015の比較

イメージを大きく変更する時は、マスクなどのパラメーターも再調整する必要がある

背景の調整

·01·

背景のカラーとぼかしの調整を行うために、
ツールストリップの■（マスク）から［背景］を
選択します 01、02。自動で背景が選択されま
すが、マスクのカラーオーバーレイが人物の色
に似ていてわかりにくいので、カラーピッカーを
クリックしてパレットを表示させ 03、画像内の
色要素の少ないブルーを選択します 04。

マスクが配置される

［新しいマスクを追加］の［背景］を
クリックする

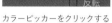

カラーピッカーをクリックする　スポイトでカラーを選択

·02·

ナビゲーターで拡大表示させると、目の辺りに
マスクがかかっているのがわかるので 05、［減
算］から［ブラシ］を選択し 06、［自動マスク］
のチェックを外し、［密度：100］として消去しま
す 07、08。ツールオプションの「テクスチャ」
と「明瞭度」を「-100」として「彩度」を上げ気
味に調整します 09、10。

拡大表示で確認すると、目の部分にマ
スクがかかっている

「減算」から「ブラシ」を選択す
る

ブラシの［密度：100］、［自動マスク］のチェッ
クを外してマスクを消去する

マスクオプションの［コ
ントラスト：32］［ハイラ
イト：-56］［テクスチャ：
-100］［明瞭度：-100］
［彩度：32］と設定

調整結果

人肌の調整

・01・

ツールストリップの 🩹 (修復) の [コンテンツに応じた消去] モードでクリックやドラッグしながら移動させて 01 、ホクロなどを消去します 02 、 03 。[新しいマスクを作成] から [オブジェクト] を選択し 04 、[長方形選択] モードで人物を囲うように、ドラッグしながら長方形を配置し、露光量を調整します 05 ～ 08 。

[修復]の[コンテンツに応じた消去]を使用する

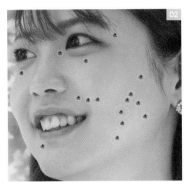

ブラシを配置する

調整結果

[新しいマスクを作成]から[オブジェクト]を選択

モード右側の[長方形選択]を選択する

マスクオプションの[露光量：0.20]と設定

長方形で囲むように選択する

·02·

［新しいマスクを作成］から
［人物を選択］を選択し 、
［人物1］をクリックして表
示される「人物マスクオプ
ション」で、［顔の肌］と［体
の肌］にチェックを入れて
 、、［マスクを作成］
をクリックします。マスクオプ
ションの［テクスチャ］を
マイナス側に調整すること
で、肌の質感を滑らかにす
ることができます 、
。

［新しいマスクを作成］から
［人物を選択］を選択

人物マスクオプションで［顔の肌］と［体の肌］にチェックを入れる

マスクオプションで［テクス
チャ：-55］と設定

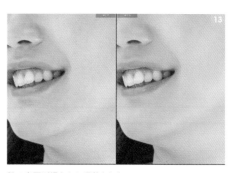

肌の表面が滑らかに調整された

肌に乗った反射カラーの調整

·01·

［新しいマスクを作成］から［ブラ
シ］を選択し、肌に乗ったグリーン
を調整します。ブラシの「密度：
80」とし、「流量：65」として塗り重
ねながらブラシを配置して、ある
程度のところでマスクオプション
の［色相：-16.0］として肌の色に
合わせます ～ 。

ブラシの［A］［B］や［消去］で滑らかになる
ように調整する

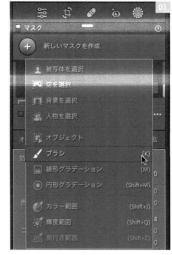

［新しいマスクを作成］から［ブラシ］を選択

ブラシを調整して配置する

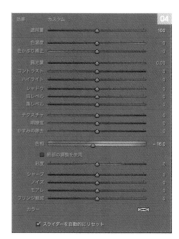

マスクオプションの［色相：-16.0］と設定

02 調整した状態でブラシを配置すると、色の変化を確認しながら配置を行えます。髪の毛などのエッジにかかる部分は［自動マスク］にチェックを入れ、エッジにかからない部分はチェックを外します。色が乗りすぎた部分はブラシの［消去］で［流量：50］程度でトーンを付けながら消去します 05 ～ 08 。

［補正前と補正後のビューを切り替え］でカラーを見ながら配置を行う

［自動マスク］はエッジにかかる部分はチェックを入れる

体の部分も同様に、ブラシサイズなどを変更しながら配置する

調整結果

全体の調整

01 最後にバランスをとりながら、画像全体の調整を行います。カラーグレーディングパネルの「輝度」は［シャドウ］［中間調］［ハイライト］と画像全体を3分割したもので、パラメーターの調整範囲が広いため、［基本補正］での調整より滑らかな輝度調整ができ、飽和している場合は制限をかけられるようになっています。画像全体のコントラストを飽和させずに、［シャドウ］の「輝度」をマイナス側、［ハイライト］の「輝度」をプラス側に調整します 01 、 02 。

カラーグレーディング［シャドウ：輝度：-30］と設定

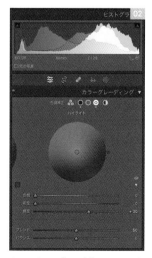

カラーグレーディング［ハイライト：輝度：+30］と設定

Chapter 7

02

夕暮れ時をさらに印象的に

Ａfter

Ｂefore

写真は、ホワイトバランスや露出の設定などによって、必ずしも見た通りの色になるとは限りません。特に、夕暮れ時のようにブルー系やイエロー系の色が混在していて、時間によって変化するような場合は、撮影時の印象と異なる場合があります。

☝ **プロはこう考える**

Step 1
最初の基本補正をし、不要部分を削除して、さらに基本補正を。

Step 2
マスクツールを使用してノイズを調整します。

Step 3
再度マスクツールで、ドラマチックな演出を加えていきます。

Part 2

基本的な補正

·01·

レンズ補正パネルの［色収差を除去］と［プロファイル補正を使用］にチェックを入れ、周辺光量は明るくしたくないので、［周辺光量補正］パラメーターを「0」にします 。基本補正パネルのプロファイルをイメージカラーに近い［アーティスティック02］とします 02、03。レンズ補正パネルの［プロファイル］はレンズプロファイルで、基本補正パネルの［プロファイル］はカラープロファイルとなるため別のものです。これらは色の初期設定となるので、パラメーターなどは変更されません。ただし、［Adobe Raw］［カメラマッチング］以外のものは特殊プロファイルとなるため、デフォルトプロファイルの［Adobeカラー］に対しての［適用量］パラメーターがあります。

レンズ補正パネルの［色収差を除去］と［プロファイル補正を使用］にチェックを入れ、［周辺光量補正］パラメーターを「0」にする

［Adobeカラー］（左）と［アーティスティック02］（右）の比較

［アーティスティック02］を選択

Memo

特殊パラメーターの中には、今回使用した［アーティスティック02］のように、シャドウ、ハイライトに対して飽和制限されているものがあります。使用することが多いプロファイルは ★ をオンにしておくことで、プロファイルのプルダウンから選択できるようになります。

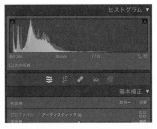

画像の初期値カラー構成はプロファイルによって異なり、シャドウ、ハイライトに飽和制限のかかるものもある

プロファイルブラウザーで ★ をオンとした場合、プルダウンから選択できるようになる

不要部分の削除

·01·

この画像ではマスクが見えているので、基本補正パネルの[シャドウ]を最大値まで上げ、ナビゲーターパネルで800%表示にして確認します 01 ～ 03 。このような部分の処理にはパスなどを使用して選択範囲を作成できるPhotoshopのほうが向いていますが、ここでは、修復ツールの使用法も兼ねて修復ツールで作業してみましょう。

基本補正パネルの[階調]で[シャドウ：+100]とする

ナビゲーターパネルで800%表示とする

不要部分を確認する

·02·

エッジのかかる部分は[コピースタンプ]モードを使います。ブラシの設定は後に変更できるので[ぼかし：0]として、エッジをなぞるようにブラシを配置します 04 ～ 06 。自動で採取されたソースを海のラインに合わせた位置に移動させ、エッジの状態を見ながら[ぼかし：100]に変更します。

修復ツールパネル[モード：コピースタンプ]で、[サイズ：5][ぼかし：0][不透明度：100]と設定する

顔のラインに合わせてブラシを配置する

ソースを移動させる

[サイズ：5][ぼかし：100][不透明度：100]と再設定する

調整結果

·03·

次に［修復］モードでコピースタンプのエッジを（人物にはかからないように）含めるようにブラシを配置しますが、そのままモード変更すると、コピースタンプ部分を変更してしまうため、いったん［閉じる］やツールストリップの◎（修復）をクリックして閉じてから、再度開いてモード変更してください。［修復］モードでも［ぼかし］は小さめの値にしてからぼかしサイズを調整しますが、ぼかしたことによって抜けが出る場合があるので、そのような場合は、ぼかしの設定を「30」程度にして顔にかからないように上からブラシを配置します 09 〜 12 。顔にかかっているマスクはそのまま［修復］モードで調整し、［基本補正］の［シャドウ］を戻します 13 〜 15 。

修復パネル［モード：修復］で、［サイズ：9］［ぼかし：7］［不透明度：100］と設定する

コピースタンプのエッジにかかるように配置して、ソースを合わせる

［サイズ：9］［ぼかし：31］［不透明度：100］と再設定する

調整結果

そのままの設定で耳の後ろを修復する

左側も同様に調整する

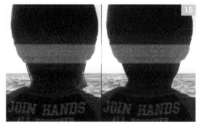

［基本補正］の［階調］で［シャドウ：0］に戻す

Memo

Photoshopの場合はレイヤーコピーを作り、明度を上げたものにパスで選択範囲を作成し、元画像に対してコピースタンプツールで調整します。

Photoshopではレイヤーや選択範囲が使用できるので、修復作業などは、より精密に調整できる

Chapter 7

185

さらに基本調整

01 基本補正パネルの[色かぶり補正]をマゼンタ側に調整し、[階調]パラメーターで全体の調整を行い、周辺光量を暗めに調整するために、効果パネルの[切り抜き後の周辺光量補正]の[スタイル]を[カラー優先]として調整します  〜  。

調整結果

効果パネルの[切り抜き後の周辺光量補正]の[スタイル]を[カラー優先]とする

基本補正パネルで[色かぶり補正:+14][ハイライト:-69][シャドウ:+49][白レベル:+17][黒レベル:-18]と設定

02 太陽周辺のオレンジを調整するために、HSL/カラーパネルにある[彩度]の◎(写真内をドラッグして彩度を調整)をクリックして、画像内にポインターを合わせて上に移動させて調整します  〜  。調整されるのが[オレンジ]と[イエロー]となるので、[色相][彩度][輝度]の各パラメーターを調整します 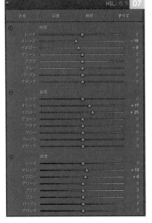 、  。

[適用量:-19][中心点:20][丸み:+22][ぼかし:100]と設定

調整結果

HSL/カラーパネルの[彩度]で◎をクリックしてポインターで調整し、色を確認する

[色相]で[オレンジ:-15][イエロー:-9]、[彩度]で[オレンジ:+17][イエロー:+25]、[輝度]で[オレンジ:+10][イエロー:+6]と設定

調整結果

マスクを使用してノイズを調整

01 この画像のISO感度は200なのでピクセルノイズが目立つ感度ではありませんが、元がアンダーの人物部分は明るめに調整されたことで、ノイズが目立つようになります。人物のみを調整するために、ツールストリップの ■（マスク）から［被写体を選択］を選択し、［ノイズ］と［シャープ］の調整を行い、ハレーションを抑えるために、［コントラスト］を調整します 01 〜 04 。

マスクオプションの［露光量：0.18］［コントラスト：41］［シャープ：42］［ノイズ：70］と設定

ツールストリップの［マスク］から、［被写体を選択］を選択

被写体にマスクが配置される

ノイズ調整がされる

よりドラマチックに

01 通常の補正であれば、この時点で終了ですが、よりドラマチックにするために、［新しいマスクを作成］から［線形グラデーション］を選択し、上から下に向けて配置します 01 、 02 。

［新しいマスクを作成］から［線形グラデーション］を選択

上から下に向けて配置する

02 マスクオプション下にあるカラーピッカーをクリックし、カラーチャートを表示させて、オレンジ系カラーを選択します 03 、 04 。人物にかかった部分を消去するために、[減算]の[被写体を選択]を選択し、[露光量]と[ハイライト]でアンダー側に調整します 05 〜 07 。最後に、[トーンカーブ]の[パラメトリックカーブ]で、コントラストを強めに調整します 08 、 09 。

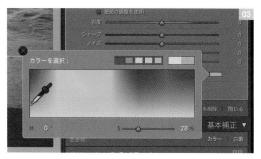

マスクオプションのカラーピッカーから、[H:0°][S:28%]の部分を選択

調整結果

[減算]から[被写体を選択]を選択

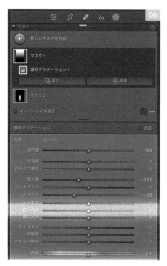

マスクオプションの[露光量:-0.92][ハイライト:-33]と設定

調整結果

トーンカーブパネルの[パラメトリックカーブ]で[ライト:+12][ダーク:-26]と設定

調整結果

03

走っている人物のスピード感を演出する

After

Before

少しとができますが、人が走っている
場合、シャッタースピードを遅くしすぎる
と手足がブレ過ぎてしまいます。
Lightroom Classicにはブレの効果を
与えるような機能はありませんが、ここ
で紹介する方法でスピード感を演出す

プロはこう考える

Step 1

レンズ補正を行い、全体を変形します。

Step 2

マスクツールの［円形グラデーション］でさらにスピード感を。

Step 3

残像を表現して、さらにスピード感をアップ！

Chapter 7

03

真横から見たように変形

·01·

レンズ補正パネルの［色収差を除去］と［プロファイル補正を使用］にチェックを入れ 01 、変形パネルの［Upright］で［ガイド付き］を選択し 02 、画像内の水平ラインと垂直ラインに2本ずつガイドをドラッグしながら配置してパースを補正します 03 〜 06 。

レンズ補正パネルの［色収差を除去］と［プロファイル補正を使用］にチェックを入れる

［Upright］の［ガイド付き］を選択する。［切り抜きを制限］のチェックは外しておく

縦ラインも同様に2本配置する

［ガイド付き］で矯正された状態

パースの付いているラインの始点でドラッグし、ラインに合わせて配置する

02

画像が横方向に伸長するので、ツールストリップの ⊞（編集）をクリックして通常編集状態に戻し、［補正前と補正後のビューを切り替え］で確認しながら補正前の幅に合うように変形パネルの［縦横比］で調整します 07 〜 09 。
ツールストリップの ⊞（切り抜き）を選択し、トリミングします 10 、 11 。

［補正前と補正後のビューを切り替え］で為正値を確認する

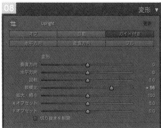

ツールストリップから［切り抜き］を選択

［変形］で［縦横比：+56］と設定

四辺四角でトリミング調整をする

フリンジの調整

·01·

ナビゲーターパネルのプルダウンから拡大率 "1600%" を選択し、画像を確認します 。画像表示領域内で、画像の場所を確認しにくい場合は、ナビゲーター内の枠をドラッグして移動させます。腕の下あたりにパープル系のフリンジがあるので 、レンズ補正パネル［手動］の［フリンジ軽減］にあるスポイトでフリンジカラーに合わせてクリックし、画像を見ながらスポイトで調整されたパラメーターを再設定します  ～ 09 。
フリンジはコントラストやカラーコントラストが強いエッジ部分に発生するもので、［プロファイル］の［色収差を除去］でほとんどは除去されますが、パープル系やグリーン系が残る場合があります。色収差はレンズの構成によって起こるズレに色がかかってしまうもので、レンズの周辺に起きることが多く、レッド系やブルー系になります。いずれもレンズ構成や歪曲の屈折によるもので、実際に見えない色が出てしまうことをまとめて偽色と表現される場合もあります。

ナビゲーターパネルの拡大率を "1600%" とする

フリンジが出ていることが確認される

レンズ補正パネルの［手動］のスポイトをクリックする

スポイトでフリンジカラーを選択する

スポイトでクリックすることでパラメーターが調整される

画像を見ながらパープルの［適用量：2］［紫色相：30/63］と再調整する

調整結果

Memo

レッド、ブルー系の色収差は［色収差を除去］で除去されます。

レッド、ブルー系の色収差 / ［色収差を除去］で除去される

Chapter 7

191

円形グラデーションでスピード感を出す

01 スピード感を出すイメージを作成するために、ツールストリップの ■（マスク）から［円型グラデーション］を選択し、大きめの円形を人物の後ろに配置します 01 、 02 。全体表示ではバウンディングボックスが見えなくなってしまうので、ナビゲーターパネルで見える大きさまで拡大率を

下げ 03 、マスクオプションのパラメーターで明るめに調整して、大きさや配置を調整します 04 、 05 。円形グラデーションは、外側で大きさや形状、内側もしくは［ぼかし］パラメーターでグラデーション幅を調整できます。

ツールストリップから［円形グラデーション］を選択

大きめのマスクを配置する

ナビゲーターパネルの拡大率を50％とする

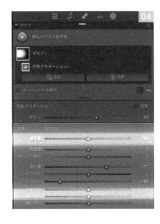

マスクオプションの［ぼかし：60］［露光量：1.77］
［ハイライト：-69］と設定

マスクの移動や大きさを設定する

人物の右側を暗めに調整するために、「マスク1」の … から "「マスク1」を複製" を選択して 06 、「マスク1コピー」を作成し、マスクオプションの［反転］にチェックを入れて、暗めに調整します 07 、 08 。コピーはパラメーターや［ぼかし］を別に調整できますが、大きさや配置は元とリンクするため、配置アイコンは重なります。
［新しいマスクを作成］から［円形グラデーション］を選択し、人物の上に配置し、明るい部分が鋭角に見えるように調整します 09 ～ 13 。

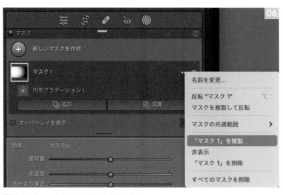

…から "「マスク1」を複製" を選択する

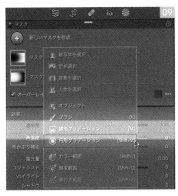

調整結果

マスクオプションの［ぼかし：60］［露光量：
-1.71］と設定

［新しいマスクを作成］から［円形グラデーショ
ン］を選択

細長に配置する

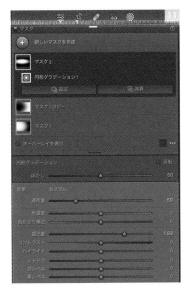

調整結果

マスクオプションの［ぼかし：50］［適用量：50］
［露光量：1.93］と設定

Chapter 7

193

残像を表現する

·01·

画像加工において、移動の表現にはブレや残像を使用することがあり、そのような効果を演出するために、移動できるマスクの［ブラシ］を使用します 。［自動マスク］は移動させた時も有効となるので、部分ごとにランダムにチェックのオンオフをして、人物部分にマスクを作成します 02 、 03 。

ブレと残像の決まりはありませんが、ブレは暗め、残像は明るめのイメージなので、明るめに調整し、ブラシアイコンにカーソルを合わせ、オーバーレイ表示になる部分で、ドラッグしながら人物の後ろに移動させます 04 。

［新しいマスクを作成］から［ブラシ］を選択

はみ出していても構わないので、ブラシ設定の［自動マスク］をオンオフしながら、人物にブラシでマスクを大まかに配置する

ブラシアイコンをドラッグして移動させる

·02·

［減算］の［被写体を選択］で被写体部分を消去し、［ブラシ］の［消去］でエッジに合わせて馴染むように消去し、マスクオプションの［適用量］で調整します 05 〜 10 。

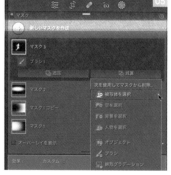

［減算］から［被写体を選択］を選択

調整結果

［消去］の［ぼかし：100］［流量：50］として消去する

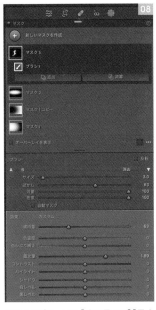

調整結果

マスクオプションの［適用量：63］［露光
量：1.89］と設定

［減算］は削除されているわけではなくレイヤーのように重ねた状態

飽和部分の調整

・01・

本書のChapter 6、Chapter 7では、画像を通常補正してから別の調整を行っていくパターンが多くありますが、この画像のように、明るさなどが大きく変化する調整では、基本補正を最後に行います。この画像の場合は、マスクなどで調整されるため、結果的に基本補正は行っていませんが、ヒストグラムパネルを確認すると 01 、ハイライト側が飽和しているので、カラーグレーディングパネルにある［ハイライト］の［輝度］で調整しています 02 。

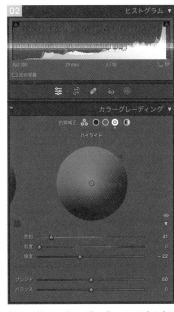

ヒストグラムでハイライトが飽和していることが確認される

［カラーグレーディング］で［ハイライト］を［輝度：-22］と設定する

04

シャボン玉を飛ばそう

After

Lightroom Classicでは、画像にレイ
ヤーを重ね合わせるPhotoshopのよう
な調整は行えませんが、マスクを使用す
ることで違った雰囲気を演出できます。
現実的には付かったレイヤーを生成したほう
が楽に作業できますが、マスクの調整応
を確認するために、一度試してみてくだ
さい。

Before

プロはこう考える

Step 1

マスクツールで空、人物、背景を
調整しておきます。

Step 2

マスクツールの［円形グラデー
ション］でシャボン玉を作ります。

Step 3

シャボン玉を複数作成、全体の
バランスを整えます。

Part 2

基本的な補正

・01・

レンズ補正パネルの［色収差を除去］と
［プロファイル補正を使用］にチェックを
入れ、基本補正パネルのプロファイルを
［Adobe標準］として、［階調］で調整を行
います 01 ～ 03 。

レンズ補正パネルの［色収差を除去］と
［プロファイル補正を使用］にチェックを
入れる

基本補正パネルのプロファイルを
［Adobe標準］として、［階調］を［ハ
イライト：-84］［シャドウ：+65］［黒
レベル：-43］と調整

［補正前と補正後のビューを切り替え］で調整を確認する

・02・

ツールストリップの ✎ （修復）の［コンテンツに応じた消去］モー
ドを選択し 04 、画像右側のレフ板と建屋に個別にブラシを配置
して消去します 05 、 06 。

ツールストリップの［修復］の［コンテンツに応じた消
去］モードを選択

個別にブラシを配置して消去する

空の調整

·01·

空には、ブルーのカラー要素が残っていて、HSL/カラーパネルの［ブルー］パラメーターでも調整できますが、画像内の別のブルーにも影響が出るので、ツールストリップの▦（マスク）から［空］を選択します

ツールストリップの［マスク］から［空］を選択

01 。空の部分にマスクが配置されますが 02 、人物にもマスクがかかっているので、［減算］の［被写体を選択］を選択します 03 、 04 。

空の部分にマスクが配置される

［減算］の［被写体を選択］でマスクから被写体を消去する

·02·

服のハイライト部にマスクが残っているので、さらに、［減算］の［ブラシ］を選択し 05 、空のブルーの影響が多少残るように、ブラシパラメーターの［密度］を「80」と設定して、［自動マスク］にチェックを入れて消去します 06 、 07 。

消去しきれない服の部分を［減算］の［ブラシ］で消去する

Part 2

空の反射を多少残すように［流量：80］［密度：80］と設定し、［自動マスク］にチェックを入れる

ブラシで消去する

·03·

空にグラデーションのトーンを付けるために、［減算］の［線形グラデーション］を選択し 、画像表示領域内に下から上に向けて配置します 。線形グラデーションは、中央をドラッグしながら移動でき、外側のラインでグラデーション幅を調整できます。

マスクオプションで［色温度］をブルー側にし、他パラメーターで調整します 10。右上の空のトーンに違和感があるので、［修復］の［コンテンツに応じた消去］や［修復］モードで修復します 11、12。

［減算］の［線形グラデーション］を選択する

元の空のトーンが出るように、下から上に向けて配置する

調整結果。空の右側に違和感が出ている

ツールストリップ［修復］の［コンテンツに応じた消去］で修復する

［色温度：-78］［コントラスト：34］［ハイライト：-48］
［シャドウ：13］［白レベル：6］［黒レベル：-60］と設定

Chapter 7

199

人肌の調整

·01·

[新しいマスクを作成]をクリックし 01 、[人物を選択]を選択すると 02 [人物マスクオプション]が開き、[人物全体]もしくは顔や肌の調整を行うことができるチェックボックスが表示されます。ここでは、[髪]以外にチェックを入れ、[マスクを作成]をクリックします 03 。[○個の別のマスクを作成]にチェックを入れると、個別にマスクが作成され、パラメーター調整が行えるようになります 04 。

[新しいマスクを作成]をクリックする

[人物を選択]を選択する

[人物マスクオプション]の[髪]以外にチェックを入れ、[マスクを作成]をクリックする

マスク内に個別の調整マスクが配置される

·02·

分を確認し 05 、外側にはみ出している部分は[減算]から[背景を選択]として消去し 06 、07 、足りない部分は[追加]から[ブラシ]を選択して[密度：100]で[自動マスク]にチェックを入れて追加します 08 ～ 。
[背景を選択]は[被写体を選択]の反転と同じで、マスクのエッジの読み取り精度が高いです。[ブラシ]ははみ出してしまった部分を[消去]で消去できますが、[人物を選択]で服などにかかってしまったマスクは消去できません。そのような部分は[減算]から[ブラシ]を選択し、消去します。

マスクにはみ出しや漏れがある

[減算]の[背景を選択]ではみ出しを消去する

[追加]の[ブラシ]を選択する

[流量：100] [密度：100] と設定し、[自動マスク] にチェックを入れる

マスクを追加する

顔全体の抜けている部分にも追加する

マスクオプションの [露光量：0.27] [シャドウ：28] [白レベル：16] と設定

調整結果

背景の調整

·01·

背景のグリーンを調整するために、[新しいマスクを作成] から [カラー範囲] を選択し 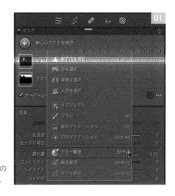、スポイトで背景のイエローが強めの木からサンプリングします。[除外] パラメーターで調整範囲を設定し、被写体にかかっているマスクを消去するために、[減算] から [被写体を選択] を選択して、マスクオプションのパラメーターでグリーンを強めるように調整します。

[新しいマスクを作成] の [カラー範囲] を選択する

スポイトでサンプリングする

マスクの範囲を確認しながら [除外：65] と設定する

Chapter 7

[減算]の[被写体を選択]を選択する

マスクオプションの[色相：9.1][彩度：
28]と設定する

調整結果

背景にぼかし効果を与えるために、[新し
いマスクを作成]から[背景を選択]を選
択します。ここまでと同様に、[減
算]から[被写体を選択]とし、[空を選択]
と同様に服にかかったマスクを[減算]の
[ブラシ]で[密度：100]と設定して消去
します 11 ～ 14 。

[新しいマスクを作成]の[背景を選択]
を選択する

[減算]の[ブラシ]を選択

[流量：100][密度：100]と設定し、[自
動マスク]にチェックを入れる

[減算]で[被写体を選択]を選択

ブラシで消去する

·03·

被写体から奥に向けてぼか
し効果を与えるため、[減算]
から[線形グラデーション]
を選択し 、下から上に向
けて配置して 、マスクオ
プションパラメーターの[テ
クスチャ][明瞭度]をマイナ
ス側に調整します 、 。

[減算]の[線形グラデーション]を選択

立ち位置から奥に向けて、下から上にマスクを配置する

マスクオプションの[テクスチャ:-100][明瞭度:-51]と設定する

調整結果

シャボン玉の作成

·01·

[新しいマスクを作成]から[円形グラデーション]を
選択し、正円にするためにshiftを押しながら配置し
て、マスクオプションの[ぼかし]パラメーターを「5」
とします  〜 。マスク内の「円形グラデーション
1」の右にある ••• から“「円形グラデーション1」を複
製”を選択します 04 。ずれた位置に円形マスクが配
置されるので 05 、位置を合わせて[ぼかし:27]と設

定し 06 、 07 、コピーの ••• から“変換して削除”を選
択します 08 、 09 。この調整は［減算］の［円形グラ
デーション］でも行えますが、同じ大きさのものを作る
のであれば、こちらのほうが手間が省けます。
マスクオプションの[露光量]を上げ、[色相]でカラー
を設定し、シャボン玉内のぼかしを作るために、[テク
スチャ][明瞭度]を下げて調整します 10 、 11 。

[新しいマスクを作成]の[円形グラデーション]を選択する

shiftを押しながら正円を配置する

マスクオプションで[ぼかし:5]と設定する

実践編 ケーススタディ[応用レベル]

Chapter 7

203

…から"「円形グラデーション1」を複製"を選択する

同様の正円が配置される

中央ピンを合わせるようにドラッグしながら移動させて、「ぼかし:27」と設定する

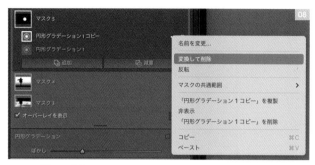

コピーの…から"変換して削除"を選択する

調整結果

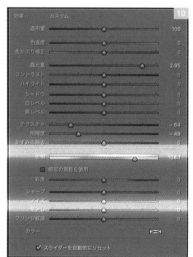

マスクオプションの［露光量:2.95］［テクスチャ:-64］［明瞭度:-49］［色相:108.1］と設定する

·02·

マスクの…から"「マスク5」を複製"を選択し 12 、カラーを相対色側に設定し 13 、このマスクはブラシで消去するので、わかりやすいように［露光量］を「4.00」と最大値に設定します 14 、15 。［減算］から［ブラシ］を選択し 16 、［自動マスク］のチェックを外して、［流量］や［密度］のパラメーターで消去濃度を変更しながら 17 、マスクを消去して 18 、［露光量］を調整します 19 、20 。

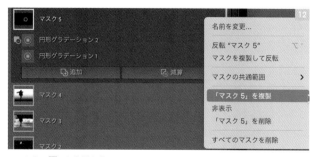

マスク右の…から複製を作る

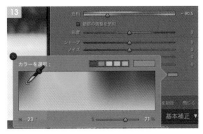

[色相：-90.5]と変更し、カラーピッカーからアンバー系のカラーを選択する

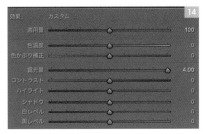

範囲をわかりやすくするために［露光量：4.00]とする

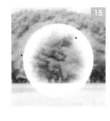

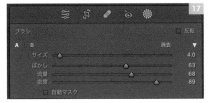

[自動マスク]のチェックを外し、パラメーター値を変更しながら消去する

ブラシの［消去]で消去しすぎた部分を調整する

[露光量：3.16]に変更する

マスクアイコン右の◎で表示／非表示させて調整具合を確認する

[減算]の[ブラシ]を選択する

·03·

別の場所に配置するマスクはコピーから作成してもよいですが、重なったマスクの移動や大きさの変更などを考えると、新規で作成したほうが楽だと思います 21 〜 24 。別の場所に配置するときに、マスクのカラーなどはベースのカラーに対しての調整となるので、パラメーターの値は同じにはなりません 25 〜 30 。また、カラーの境界などに配置すると違和感を生じさせることになるので、できるだけ同じカラーの範囲に配置してください。

複製を作って移動させることもできるが、わかりづらくなるので、新規で大きさなどを変えたシャボン玉を作成する

画像に対してのカラー変更なので、エッジがかかるような場所は避けたほうがよい

複数配置する

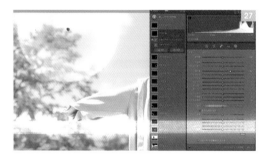

画像に対してのカラー変更となるため、配置した場所で調整は異なる

·04·

マスクにはすべて同じアイコンが表示され 、アイコンをクリックすると、マスクツールパネルとリンクします 。マスクには移動できるものとできないものがあり、グラデーションやブラシは移動させることができます。重ね合わせたマスクはマスクパネルの「マスク」を選択でマスク内すべて、マスク内の調整マスクを個別に選択すると個別に移動できます 33 ～ 36 。

シャボン玉を配置したら、ヒストグラムパネルの ▲（クリッピングを表示）をクリックしてアクティブにし 37 、ハイライト側が飽和しているので 38 、カラーグレーディングパネルで［ハイライト］の［輝度］を調整します 39 。

マスクには同一のアイコンが表示される

アイコンをクリックすると、マスクパネルとリンクする

ドラッグしながら移動させるとマスク内のすべてが移動する

マスク内の調整マスクを選択すると、そのマスクのみが選択され、移動も別となる

複数のマスクを配置した場合、名前を変更しておくとわかりやすくなる

ヒストグラムパネルの ▲ をクリックする

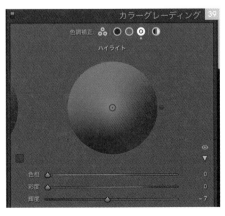

カラーグレーディングパネルで［ハイライト］を［輝度：-7］とする

飽和部分が画像内に表示される

Chapter 7

207

遠景の山並みを目立たせる

After

Before

全体的にアンダーに見えるこの画像は、遠景の雪山あたりは晴れているため、露出を全体で合わせてしまうと雪山のディテールが失われてしまいます。人間の目には順応性があり、奥と手前の明度差をある程度なくして見ること

撮影時と取り込んだときの印象とはかなり異なります。明度の高い部分の

調整しましょう。

プロはこう考える

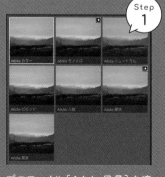

Step 1

Step 2

Step 3

プロファイル［Adobe風景］を適用、基本補正やシャープを調整。

マスクツールで空を調整。

マスクツールの［線形グラデーション］でよりドラマチックに。

Part 2

プロファイルを適用する

·01·

レンズ補正パネルにある［プロファイル］の［色収差を除去］と［プロファイル補正を使用］にチェックを入れます。
基本補正パネルのプロファイルは撮影時に対象に対しての色合いやコントラストなどの方向性を決めるもので、プロファイルを変更しても調整パラメーターは変更されません。Lightroomではカメラ独自の設定に加え、Adobeのプロファイルを選択することができます。
基本補正パネルの［プロファイル］の右にある■をクリックします 01 。プロファイルブラウザーパネルを表示し、カーソルをプロファイルに合わせると、そのプロファイルでのカラー表示で画像が変更されるので、好みに合ったプロファイルに設定します。画像表示領域の下にある■■（補正前と補正後のビューを切り替え）をクリックすると 02 、補正前と補正後を比較できます。

デフォルトプロファイルが表示され、プルダウンもしくはプロファイルブラウザー表示でプロファイルが選択できる

画像表示を補正前と補正後にしておくと設定や調整を確認しやすくなる

ここでは「Adobe風景」をクリックして選択します。センサーに乗ったゴミは、空のような単調なトーンの部分では目立ってしまうため、ツールストリップにある■（スポット修正）をクリックし 04 、画像表示領域の下にある［スポットを可視化］にチェックを入れてから、スライダーを左右に動かして、ゴミが見やすい位置まで調整します 05 。

プロファイル	手動
✓ 色収差を除去	
✓ プロファイル補正を使用	
設定 初期設定 :	

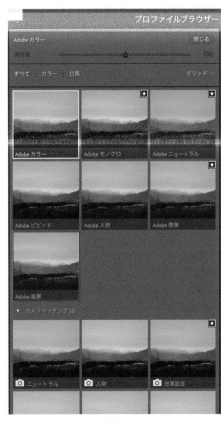

プロファイルを［Adobe風景］に設定する

ツールストリップにある修復ツールの[モード:修復]を選択。[サイズ]や[ぼかし]、[不透明度]は修正ポイントに合わせて設定する

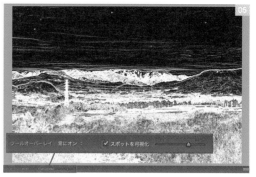

センサーに乗ったゴミなどが確認しやすくなる

ナビゲーターパネルで"100%"を選択して 06 100%表示にし、カーソルを合わせてクリックすることで、自動でソースを検知してゴミを除去できます 07 。ソース位置はドラッグしながら移動させることも可能です。修復パネルで、[コンテンツに応じた削除][修復][コピースタンプ]が選択できます。 08 。

ゴミ取り作業はナビゲーターパネルの100%以上で確認しながら行う

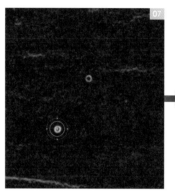

ゴミにカーソルを合わせてクリックする

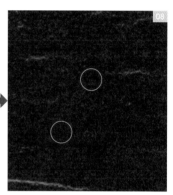

自動でソースを設定して修復される

基本的な補正

·02·

ヒストグラムパネルを確認すると、情報の山が左に寄っていて、画像からもわかるように、全体的にアンダーになっています 01 。最初に、ハイライト側(ハイライト、白レベル)で奥の雪山のディテールがある程度見えるように調整します。白レベルが情報の右端(いちばん明るい部分)となるので、マイナス側に調整したほうが、ディテールは見えるようになりますが、雪山部分は晴れていることを考えると、コントラストを強調するためにハイライトをマイナス、白レベルをプラス側で調整します 02 、 03 。

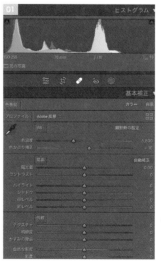

基本補正パネルは[色表現][プロファイル][WB(ホワイトバランス)][階調][外観]のブロックに分かれている

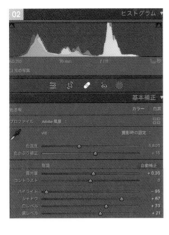

調整結果

この画像の場合は、全体にアンダー側なので、奥の雪山に合わせて
［ハイライト：-95］［白レベル：+33］としてから［シャドウ：+67］［黒レ
ベル：+21］［露光量：+0.30］とした

全体に曇りの印象を、後の調整で空を青側に調整することを踏まえて、［色温度］の数値を下げるように調整します 04 、 05 。実際の色温度は数値が低ければアンバー側になりますが、このパラメーターは補正の数値となるので、下げることでブルー側に補正されます。

調整結果

階調調整を行った結果、全体にアンバー
（茶色系）気味なので、［WB］で［色温度：
5,470］とブルー側に調整する

シャープの調整

·03·

ナビゲーターパネルで拡大表示し（ここでは"300%"） 01 、ターゲットを雪山に合わせます 02 。YY（補正前と補正後のビューを切り替え）をクリックして画像表示を切り替えたら、（補正後の設定を補正前の設定にコピー）をクリックして 03 現状の画像を補正前にします 04 。

ノイズ処理を行うためにナビゲーターパネルの右にあるプルダウンから"300%"を選択する

300%表示の状態

［補正後の設定を補正前の設定にコピー］をクリックする

同一の画像が補正前と補正後に表示される

Chapter 7

211

05

ディテールを強調させるためにはディテールパネルの［シャープ］を利用するか、基本補正パネルの［外観］を利用する方法があります。

● シャープを使用した調整 ●

［シャープ］はピクセルのエッジに対して調整を行うもので 05 、06 、ピクセル周辺に際立ってしまうノイズを［ノイズ軽減］で調整します 07 、08 。ただし、粒状感がなくなるまで調整してしまうと、画像全体がフラットな印象になってしまうので注意しましょう。

ディテールパネルには［シャープ］と［ノイズ軽減］がある

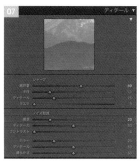

［ノイズ軽減］で［輝度：20］と設定し、際立ったノイズを軽減する

［シャープ］で［適用量：89］と設定する（他はデフォルト値）

補正前を参考にして、シャープさが失われないようにノイズの軽減を行う

● 外観を使用した調整 ●

［外観］はコントラストとカラーコントラストの境界などを調整するものです。シャープほどピクセルの境界に影響を与えないため、自然に強調することができます。ただし、トーンに対しての調整になるため、彩度に対しては影響が出やすいです。また、細かなシャープ効果は得られにくいため、画像の状況に合わせて、シャープと調整を行うことにより効果を出すこともできます 09 ～ 11 。

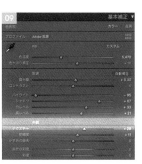

「外観」の「テクスチャ」と「明瞭度」はカラーコントラストやコントラストに対して補正するが、［テクスチャ］はより境界を残しながら調整できるので、［テクスチャ：+28］［明瞭度：+11］と調整する

シャープよりピクセルノイズは軽減されますが、それでもノイズが来るため［ノイズ軽減］で［輝度：10］と調整する

調整結果

Memo

シャープ効果は画像を拡大表示させて行いますが、拡大状態での調整では極端な調整を行いがちです。全体表示と拡大表示をくり返して、調整具合を確認するようにしましょう。

Part 2

彩度調整

·04·

ホワイトバランスや階調の調整を行っている段階で、画像全体の彩度にも変化が起きてくるので、彩度調整は基本補正の最後に行ったほうがよりよい調整結果を得られます。また、HSLやカラーグレーディングでの細かな色調整は、基本補正で彩度調整まで行ってから、より強調したい色やバランスに対して行いましょう。
彩度調整には［自然な彩度］と［彩度］のパラメーター

があり、全体的に色を強調させる［彩度］に対して、［自然な彩度］は寒色系をより強調させます。そのため、この画像の場合は、手前の暖色系に対して［彩度］で調整を行ってから、奥の寒色系を［自然な彩度］でより強調させました 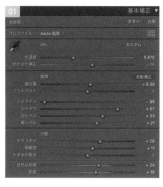、。
［自然な彩度］は［彩度］より色飽和を起こしにくくなっているので、空の色をより青くしたいといった場合には効果的です。

［外観］の［自然な彩度：+24］［彩度：+19］と調整する

調整結果

マスクによる調整

·05·

2022年のアップデートにより、「マスク」機能が1つのパネルにまとめられ、［被写体を選択］［空］［背景］［オブジェクト］［人物］が追加されました 。これらは画像の輪郭がある程度わかりやすい状態であれば、1クリックで被写体や空に調整マスクを作成してくれます。また、マスクはブラシなどで追加や削除ができるので、調整を行ってから違和感のある部分を再調整することも可能です。

①▓▓（マスク）をクリック

②［空］をクリック

ツールストリップの［マスク］をクリックして、［空］をクリックする

［空］をクリックすると、空の範囲に調整マスクが作成されます 。マスクのオーバーレイはスライダーで調整を行うと消えますが、［オーバーレイを表示］にチェックを入れておくと、調整後再表示されるようになります。マスクは、マスク以外の部分には影響を与えないので、雲が青く見えるように色温度をブルー側に調整します。雪山がより白く見えるよう、ヒストグラムで白飛びしないように確認しながら、［白レベル］をプラス側に調整してから、他のパラメーターで露出調整を行います 。

空と認識できる部分に調整マスクが配置される

[色温度：-5]［露光量：0.17］［ハイライ
ト：-95］［シャドウ：50］［白レベル：56］
［黒レベル：-52］［彩度：7］と調整する

調整結果

[彩度]を少し上げて、▼▼（補正前と補正誤のビュー
を切り替え）をクリックして画像表示を切り替えたら、
◀■（補正後の設定を補正前の設定にコピー）をク
リックして現状の画像を調整前にします。ナビゲー

ターパネルで拡大表示し（ここでは"300%"）05 、ノ
イズの状況を確認したら、[ノイズ]のパラメーターを
プラス側に調整して 06 、ノイズを低減させます。調
整前と調整後で確認をしましょう 07 。

300%表示

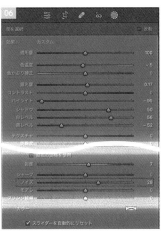

調整によってノイズが乗るので[ノイズ：
28]と調整する

Memo
マスクを作成すると、画像表示領域
内にマスクパネルが作成され、左上
にスイッチが表示されます。オンオフ
を切り替えることで、調整具合を確認
できます。

補正前と補正後で確認する

よりドラマチックに調整

·06·

P.208〜214で、基本的な見た目の雰囲気に合わせた補正は完了しています。ここからは、よりドラマティックに見えるように調整します。一度調整されているので、基本設定を大きく変更する必要はありません。補正の手順は画面左側にあるヒストリーパネルに保存されます。ただ、ヒストリーは一度戻すとそこから新規の調整となってしまうため、戻す前にスナップショットを取っておきましょう 01 。スナップショットパネルはパネル右の ＋ をクリックすると、ダイアログが表示されるので、[作成]をクリックしてその調整のパラメーターを保存できます。また、写真メニュー→[仮想コピーを作成]をクリック 02 、もしくはフィルムストリップの画像を右クリック→[仮想コピーを作成]をクリック（Macの場合、control+クリック）で仮想コピーをフィルムストリップ上に作成しておくことで 03 、元画像との比較などがしやすくなります。

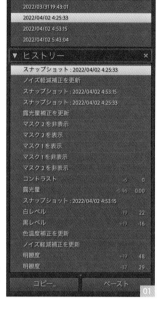

ヒストリーパネルとスナップショットパネルは、調整の保存などができるので有効的に使用したい

仮想コピーを作成することで比較が容易になる

仮想コピーはフィルムストリップに配置される

建物などを消去する

·07·

修復ツールの[コンテンツに応じた消去]はブラシを配置することで、周辺に合わせた消去が行え、[修復][コピースタンプ]はソースを自動検出した修復が行え、ソースはドラッグしながら移動させることができます 01 、 02 。

修復パネル

手前の丘の建物や鉄塔を処理していく

［コンテンツに応じた消去］は修正したい部分にマスクを配置することで周辺からソースを複合させて調整します 、。［修復］や［コピースタンプ］のようにソースを移動させて調整することはできませんが、修復パネル内の［更新］をクリックすることで、ブラシ内を変更することができます 05 〜 07。更新を戻すには⌘〔Ctrl〕+Zキーで行えます。修復に違和感の出る部分はブラシを追加していきますが、ブラシ内にブラシは配置できないので、ブラシの外側から配置します。

［コンテンツに応じた消去］で修正部分のブラシを配置する

自動でソースが生成され配置される

［更新］でソースを変更できる

別のソースが配置される

修正結果

直線部分は開始位置で一度クリックしてから、終点位置で shift を押しながらクリックすることで作成できます。しかし、この画像のように、複数の電線があるような場合、［コンテンツに応じた消去］では修復しにくい場合があります。そのような場合は、ソースを指定できる「修復」で調整します 10 〜 11。
ただし、［修復］はブラシのエッジ部分にコントラストの高い部分がかかったり、修復ポイントとソースに濃度差があると、画像が乱れる場合があります。この画像の鉄塔のような部分は［コンテンツに応じた消去］、電線は［修復］を使用し、乱れが出るような部分は、ソースをそのまま移動させる［コピースタンプ］でトーンの近い部分をソースとして細かく調整します 12 〜 15。

一度ブラシを配置してから、モードを［修復］に変更する

ブラシを電線に合わせてクリックし、ソースを電線のないところに移動させる

shiftを押しながら終点部分でクリックする

[修復]はトーンやコントラストが異なる部分では
画像が乱れる

[コピースタンプ]に切り替える

画像の乱れている部分

トーンの近い部分をソースとして、配置する

調整結果

Memo ●

一度配置したブラシは、再選択して、モードの変更や
移動が行えます。

Chapter 7

·08·

今回は、すでに［空］を用いて空部分にマスク
を作成しているので、■（マスク）をクリックす
るとマスクオプションが表示されます 。［新
しいマスクを作成］→［線形グラデーション］
をクリックして選択し、上から下に向けてド
ラッグし、配置します 。［オーバーレイを表
示］にチェックを入れて、掛かり具合を確認し
ながら配置しますが、グラデーションの長さや
角度などはマスクの調整後にバウンディング
ボックスを利用して再調整することもできま
す 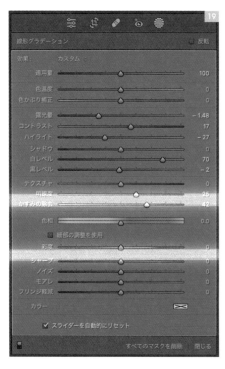、。

一度マスクを作成している
場合はマスクオプションの
［新しいマスクを作成］をク
リックすると新規マスクを作
成できる

［線形グラデーション］をクリックして選択し、ドラッグして配置する

調整結果

最初に［明瞭度：25］［かすみの除去：42］と調
整してから、全体の雰囲気を［露光量：-1.48］
［コントラスト：17］［ハイライト：-27］［白レベ
ル：70］［黒レベル：-2］に調整する

Memo

マスクを複数使用した場合、マスクの右側にある◉をクリックすることで、
そのマスクのみ非表示にできます。◉をクリックすると再度表示されます。
調整具合を確認しながら作業が行うときに便利です。

［マスク2］をクリックすることで、［追加］［減算］が表示され、マスクツールで調整できます。今回は、空のトーンと雪山を際立たせるために［減算］→［ブラシ］をクリックして 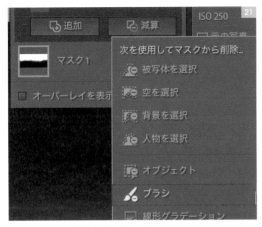 、マスクを部分的に消去します。ブ

ラシの設定は［サイズ］［ぼかし］は消去する部分に合わせ、［流量：50］［密度：50］とし 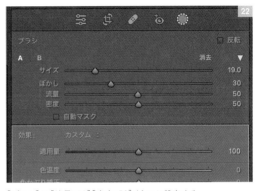 、複数回消去することで、馴染んだトーンを作成できます  、 。

［減算］をクリックし、［ブラシ］をクリックする

［ブラシ］は［流量：50］［密度：50］くらいに設定する

複数回ブラシでなぞりながらトーンを作る

調整結果

雪山の部分は［自動マスク］にチェックを入れて 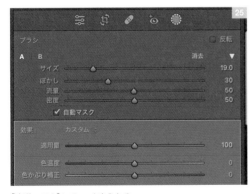 、空と山の境界や雪と山肌の境界を残すようにし、雪山

の白を強調するように調整します  。

［自動マスク］にチェックを入れる

雪山部分はできるだけコントラストを付けたいので白い部分はできるだけ消去する

Chapter 7

·09·

写真の比率は、35mmフィルムと同比率であれば「3：2」です。Webなどでよく使用されるサイズは「4：3」、プリントサイズは「5：4」や「A4サイズ」などのように様々なサイズがあります。

これらの比率は、ツールストリップの　　（切り抜き）をクリックして 、[縦横比]のプルダウンから選択できます。また、プルダウン右の　　をクリックすると　　、比率をフリーで設定できます。この画像では手前の丘が目立ってしまうので、横長にトリミングして　　、雪山をより目立たせるように調整します。

ツールストリップの［切り抜き］をクリックする

［縦横比］の　　をクリックしてロックを外す

バウンディングボックスでトリミングする

Memo ● ● ● ● ● ● ● ● ● ● ● ● ● ● ● ● ● ● ●

プレビューでブロックノイズが出る場合は、一度拡大すると元に戻ります。

Profile

著者プロフィール

高嶋一成（たかしま・かずしげ）

　カメラマン。コマーシャルフォトプロダクション退社後、フリーランスとなり、スタジオカラーズ設立。著書は『プロの手本でセンスよく！ Lightroom Classic誰でも入門』、『Photoshop Lightroom Classic CC/CC プロフェッショナルの教科書　思い通りの写真に仕上げるRAW現像の技術』、『Photoshop Lightroom CC/6 プロフェッショナルの教科書　思い通りの写真に仕上げるRAW現像の技術』、『Photoshopレタッチ 仕事の教科書　3ステップでプロの思考を理解する』（共著）、『写真補正必携　実例で見るPhotoshopレタッチ手法』（共著）、『やさしいレッスンで学ぶ　きちんと身につくPhotoshopの教本』（共著）、『プロとして恥ずかしくない　新・写真補正の大原則』（共著）など多数（以上エムディエヌコーポレーション刊）。本書に掲載・収録の写真をすべて撮影。

制作スタッフ

モデル	竹川由華
装丁・本文デザイン	赤松由香里（MdN Design）
編集・DTP	リンクアップ
編集長	後藤憲司
担当編集	塩見治雄

Lightroom Classic 仕事の教科書
思いのままに仕上げる最新テクニック

2023年1月21日　初版第1刷発行

著者	高嶋一成
発行人	山口康夫
発行	株式会社エムディエヌコーポレーション
	〒101-0051　東京都千代田区神田神保町一丁目105番地
	https://books.MdN.co.jp/
発売	株式会社インプレス
	〒101-0051　東京都千代田区神田神保町一丁目105番地
印刷・製本	中央精版印刷株式会社

Printed in Japan
©2023 Kazushige Takashima. All rights reserved.

【カスタマーセンター】
造本には万全を期しておりますが、万一、落丁・乱丁などがございましたら、送料小社負担にてお取り替えいたします。お手数ですが、カスタマーセンターまでご返送ください。

落丁・乱丁本などのご返送先
〒101-0051　東京都千代田区神田神保町一丁目105番地
株式会社エムディエヌコーポレーション カスタマーセンター
TEL：03-4334-2915

書店・販売店のご注文受付
株式会社インプレス　受注センター
TEL：048-449-8040／FAX：048-449-8041

●内容に関するお問い合わせ先
株式会社エムディエヌコーポレーション カスタマーセンター メール窓口
info@MdN.co.jp

本書の内容に関するご質問は、Eメールのみの受付となります。メールの件名は「Lightroom Classic 仕事の教科書　質問係」、本文にはお使いのマシン環境（ご利用のOSの種類・バージョンなど）をお書き添えください。電話やFAX、郵便でのご質問にはお答えできません。ご質問の内容によりましては、しばらくお時間をいただく場合がございます。また、本書の範囲を超えるご質問に関しましてはお答えいたしかねますので、あらかじめご了承ください。

ISBN978-4-295-20441-1　C3055